赤峰小米品质评价

盈盈　李艳丽　黄奕颖　王向红　郁志荣

李润航　张冠华　呼德日扎干　邢瑶

著

中国农业科学技术出版社

图书在版编目（CIP）数据

赤峰小米品质评价 / 盈盈等著. -- 北京： 中国农业科学技术出版社，2024.5

ISBN 978-7-5116-6813-4

Ⅰ.①赤… Ⅱ.①盈… Ⅲ.①谷子－品质特性－评价－赤峰 Ⅳ.①S515

中国国家版本馆CIP数据核字（2024）第095842号

责任编辑 陶 莲
责任校对 王 彦
责任印制 姜义伟 王思文

出 版 者 中国农业科学技术出版社
　　　　　北京市中关村南大街 12 号 邮编：100081
电 　 话 （010）82109705（编辑室） （010）82106624（发行部）
　　　　　（010）82109709（读者服务部）
网 　 址 https://castp.caas.cn
经 销 者 各地新华书店
印 刷 者 北京地大彩印有限公司
开 　 本 170 mm×240 mm 1/16
印 　 张 6.375 彩插 4 面
字 　 数 120 千字
版 　 次 2024 年 5 月第 1 版 2024 年 5 月第 1 次印刷
定 　 价 98.00 元

《赤峰小米品质评价》
作者名单

主　　任	张圣合					
副 主 任	王金环	吴洪新	杨　薇	程瑞宝	麦拉苏	左慧忠
委　　员	毕忠泽	黄　海	李晓明	边喜君	柴贵宾	刘彩艳
	谢　颖					

主　　著	盈　盈	李艳丽	黄奕颖	王向红	郇志荣	李润航
	张冠华	呼德日扎干	邢　瑶			
副 主 著	王文曦	刘晓雪	曹立娜	邱　思	贾沐霖	邵　海
	李鹏飞	刘志军	唐艳梅	孙宏业	于　磊	李　刚

参著人员（按姓氏笔画排序）

于海东	万玉萌	卫　媛	马宏丽	王卫红	王伟宏
王丽霞	王显瑞	王雪洁	王翠艳	云　颖	乌尼日
尹继伟	付　慧	吕永来	朱鸿福	刘　娜	刘　铭
刘江英	刘宇宁	刘建成	刘洪林	刘景秀	杨艳梅
杨晓雨	李　宁	李　玲	李　洵	李金才	李振阁
宋宝香	张立会	张立媛	张海峰	张滋慧	张燕东
张燕雨	阿茹军	邰　丽	苑喜军	郑晓勇	降晓伟
赵志惠	赵海英	郝志强	侯长江	宫文学	秦　蕊
贾旭冉	柴晓娇	董　娜	湖日尔	靳宝令	潘　磊

完成单位　1. 中国农业科学院草原研究所

　　　　　　2. 赤峰市农畜产品质量安全中心

　　　　　　3. 内蒙古自治区农畜产品质量安全中心

4. 阿鲁科尔沁旗农牧局

5. 巴林右旗农牧局

6. 松山区农牧局

7. 克什克腾旗农牧局

8. 喀喇沁旗农牧局

9. 敖汉旗农牧局

10. 宁城县农牧局

11. 元宝山区农牧局

12. 赤峰市农牧科学研究所

13. 赤峰市农牧技术推广中心

赤峰市地处蒙古高原向松辽平原的过渡地带，大兴安岭向西南的延伸余脉，土壤肥沃，光照充足，降水适中，其得天独厚的自然环境和气候条件，孕育了众多优质农产品。其中，赤峰小米以其浓郁的米香、软糯的口感，独特的品质，赢得了广大消费者的喜爱和认可。赤峰小米种植历史悠久，农民积累了丰富的种植经验，使小米品质得到了进一步的提升。

随着人们生活水平的提高和健康意识的增强，对食品品质的要求也越来越高。赤峰小米作为一种健康、营养、美味的食品，受到了越来越多消费者的青睐。然而，市场上小米品牌众多，品质参差不齐，给消费者带来了选择上的困扰。因此，对赤峰小米进行品质评价，为消费者提供客观、准确的信息，具有重要的现实意义。

本书依托赤峰市农牧局"赤峰小米2022年地理标志农产品保护工程项目　提升产品特色品质检测项目""赤峰小米营养品质鉴评项目（2020年）""赤峰小米营养品质检测及评价（2019年）"等项目的支持，采用科学严谨的方法，对赤峰不同产地、不同品种小米进行了多维度的品质评价。希望本书能够进一步推动赤峰小米产业的发展，提高赤峰小米的知名度和美誉度，为消费者提供更多优质、健康、美味的食材选择。

作　者

2024 年 5 月

目　录

第 1 章

赤峰小米概述

　　粟（学名：*Setaria italica*；英文名：foxtail millet），亦称稷、粱、粟米，北方又称谷子，去壳后为小米，也有将穗大毛长粒粗的称为粱，而穗小毛短粒细的称为粟；或是大粟为"粱"，小粟为"粟"，是五谷中籽实最小的粮食。谷子为我国的古老作物，起源于黄河流域。据历史考证，谷子距今有8700多年的种植历史，数千年来一直作为中国北方的主栽作物，被誉为"中华民族的哺育作物"。无论是从考古文物中，还是在古籍文献记载中，都能看到谷子这种栽培作物贯穿在中华民族的历史长河中。天生万物，独厚五谷，五谷中又以"粟"为首，"粟"即指小米。古书对华夏农耕起源早有记载："天雨粟，神农耕而种之"。在耕作条件落后的古代，耐旱多产的小米便担当重任，滋养着华夏先民，赋予华夏儿女坚韧朴素的品性，孕育出传承数千年的不朽文明。

　　谷子是一年生草本植物，形态特征为单子叶植物，株高60～150 cm；茎细直，茎秆常见的有白色和红色，中空有节；叶狭披针形，平行脉；穗长20～30 cm，花穗顶生，总状花序，下垂形；每穗结实数百至上千粒，籽实极小，径约0.1 cm。小穗成簇聚生在三级支梗上，小穗基本有刺毛；颖果的秆壳有白、红、黄、黑、橙、紫各种颜色，俗称"粟有五彩"，卵球状籽实粒小，未脱壳谷粒最常见者为黄色。谷子具有营养价值高、耐旱、适应性广、抗逆力强、稳产、易贮藏等优点。谷子的食用性和饲用性决定了其在人类生产生活的重要意义。

1.1　赤峰小米介绍

1.1.1　历史渊源

　　赤峰市境内被国家考古界命名的原始人类文化类型有兴隆洼文化、赵宝沟文化、红山文化、富河文化、小河沿文化、夏家店下层文化。从考古发掘出来的石器、骨器、陶器、青铜器等生产生活器物证明，早在 8000 余年前境内的原始先民已经过着原始农耕、渔猎和畜牧的定居生活。赤峰市种植谷子历史悠久，2003 年在兴隆沟遗址出土了距今 8000 年的粟和黍的碳化颗粒标本，经加拿大、英国和我国的研究机构用 C_{14} 等手段鉴定论证后，认为是人工栽培形态最早的谷物，比中欧地区发现的谷子早 2700 年。由此推断赤峰敖汉地区是中国古代旱作农业起源地，也是横跨欧亚大陆旱作农业的发源地。辽史记载："保宁七年（975 年），汉有宋兵，使来乞粮，诏赐粟二十万斛助之"。赤峰市积极发展杂粮种植产业，在现有耕地面积 1600 万亩 [①] 的基础上，杂粮播种面积常年稳定在 800 万亩左右，居全国之首。

1.1.2　自然生态环境

1.1.2.1　地貌形态情况

　　赤峰地处大兴安岭南段和燕山北麓山地，分布在西拉木伦河南北与老哈河流域广大地区，三面环山，西高东低，地貌特征为多山多丘陵。山地约占赤峰市总面积的 42%，丘陵约占 24%，高平原约占 9%，平原约占 25%。大体分为 4 个地形区：北部山地丘陵区、南部山地丘陵区、西部高平原区、东部平原区，海拔高 300 ～ 2000 m。东部在西拉木伦河与老哈河汇流处大兴三角地区，海拔高不足 300 m，为赤峰市地势最低地带；西部克什克腾旗、郊区和河北省围场县交界处的大光顶子山，海拔高 2067 m，为赤峰市第一高峰。主要山脉有大兴安岭南段、努鲁尔虎和七老图三条山脉。赤峰市的土

---

① 1 亩 ≈667m²，全书同。

地资源特点是，地处内蒙古高原向松辽平原过渡地带，北部为大兴安岭南段山地，燕山山系的七老图山屏于西部，努鲁尔虎山呈于东南侧，构成了三面环山的半环形，地势西高东低。地貌形态可分为山地、高平原、熔岩台地、低山丘陵、沙丘平原。其中山地面积占 17.74%，高平原占 5.72%，熔岩台地占 3.21%，低山丘陵占 19.44%，黄土丘陵占 22.9%，河谷平原占 8.17%，沙地占 23.3%。

1.1.2.2　水文情况

全市水资源总量为 42.7 亿 m³，有乌力吉木沦河、西拉沐沦河、老哈河、敖来河、滦河、大凌河 6 条外流水系和内陆水系共 308 条大小河流，72 处天然湖泊。最大的湖泊为达里诺尔湖，水面面积为 35.7 万亩。地表水径流量 32.6 亿 m³，地下水可开采 10 亿 m³。人均占有水量 670 m³。耕地平均占水量 4855.5 m³/hm²。西辽河的两条主要支流西拉沐沦河、老哈河都在赤峰境内，大小干支流达 40 余条，有达里诺尔等湖泊 58 处，地表水总量为 32.7 亿 m³，地下水可采集量为 10 亿 m³。

1.1.2.3　气候情况

赤峰市属中温带半干旱大陆性季风气候区。冬季漫长而寒冷，春季干旱多大风，夏季短促炎热、雨水集中，秋季短促、气温下降、霜冻降临早。大部地区年平均气温为 0 ~ 7 ℃，最冷月（1 月）平均气温为 -10 ℃左右，极端最低气温 -27 ℃；最热月（7 月）平均气温在 20 ~ 24 ℃。年降水量的地理分布受地形影响十分明显，不同地区差别很大，有 300 ~ 500 mm 不等。大部地区年日照时数为 2700 ~ 3100 h。每当 5—9 月天空无云时，日照时数可长达 12 ~ 14 h。

1.1.3　地域范围

赤峰市地处内蒙古东南部，我国东北地区西端，西辽河上游，大兴安岭西南段山脉与燕山北山地、内蒙古高原、西辽河平原的复合衔接部位。地理坐标：北纬 41°17′10″ ~ 45°24′15″，东经 116°21′07″ ~ 120°58′52″。总面积为 90 021 km²，东西最宽 375 km，南北最长 457.5 km。东南与辽宁省朝阳市接壤，西南与河北省承德市交界，西部和北部与内蒙古锡林郭勒盟接连，东与通辽市毗邻。赤峰小米农产品地理标志保护范围为赤峰市 12 旗县区 132 个苏木（乡镇），2014 年赤峰小米播种面积 96 344 hm^2，总产量为 238 610 t，单产为 2477 kg/hm^2。

1.1.4 产品品质特性特征

1.1.4.1 外在感官特征

赤峰的气候条件决定了根植于赤峰旱坡地的谷子具有耐干旱、抗倒伏、适应性强、品质优良等特点，因而当地谷子加工后生产的小米颗粒大、粒径为 1.0 ～ 1.5 mm，粒呈圆形、晶莹透明，小米口感好、营养丰富、金黄馨香，是哺乳期、老人患病、婴儿断奶后的首选食物。

1.1.4.2 内在品质指标

赤峰小米富含人体所需的蛋白质、维生素、矿质元素，蛋白质含量为 8.65 ～ 11.48 g/100 g；维生素 B$_1$ 含量为 0.31 ～ 0.48 mg/100 g；维生素 B$_6$ 含量为 0.04 ～ 0.05 mg/100 g；维生素 E 含量为 0.79 ～ 1.32 mg/100 g；叶酸含量为 23.8 ～ 34.1 µg/100 g；磷含量为 176 ～ 290 mg/100 g；钾含量为 183 ～ 255 mg/100g；营养丰富，质纯味正，香软可口，是平衡膳食、调节口味的理想食品，也非常适合怀孕期及产后妇女进补食用。

1.1.4.3 安全要求

赤峰小米由于生产区域内无工业污染，赤峰市辖区内基地全部被内蒙古自治区农业农村厅认定为无公害生产基地，水质、土壤均达到安全标准。因此，生产的小米无农药残留，是合格的无公害农产品，大部分小米通过了国家无公害农产品认证、绿色食品认证、有机产品认证，部分被登记为地理标志产品。赤峰小米符合《中华人民共和国农产品质量安全法》《农产品标识包装管理办法》等相关规范和法律法规规定。

1.1.4.4 分级、包装储存及储运

赤峰小米根据感官指标、理化指标等分为特级品、一级品、二级品、三级品、统装品。

脱粒后的小米禁用装化肥的纤维袋包装，家庭储藏以粮围子或土仓为佳，注重防虫、防鼠害和通风，避光、常温、干燥，且具备防潮设施。直接上市的产品根据市场需要，包装应符合标准要求。包装容器（袋）材料应清洁、卫生、干燥、无毒、无异味，塑料袋应符合 GB 4806.7 标准要求。包装要牢固、密封性好、防潮、美观，便于装卸、仓储和运输。产品标签符合规定。

储运存库房应阴凉、干燥、清洁、通风良好，无虫害、鼠害。运输工具应清洁、干燥、无异味、无污染，运输时防雨防潮，严禁与有毒、有异味、易污染物品混装混运。

1.1.5　特定生产方式

1.1.5.1　产地选择

小米种植大多在旱地，属于雨养农业。赤峰市有效积温高，昼夜温差大，光照充足，独特的气候条件，不同的土壤类型，使赤峰杂粮生产更具地方特色，当地生产的小米口感较好。

1.1.5.2　品种范围

品种一般选用"赤谷"系列，多为国家优质品种和丰产稳产品种，还有一些其他品种（如山西红谷、大金苗小米等）。

1.1.5.3　生产过程管理

赤峰小米以农业防治、生物防治、物理防治为主，化肥为辅，化肥必须与有机肥配合使用。

1.1.5.4　产品收获及产后处理

当谷穗完全变黄、谷粒硬化时及时收获、打捆或在土麦场晾晒。人工方式将谷穗与植株刈离，谷草重新打捆，谷穗平铺土麦场，人工脱粒或用机械脱粒，严禁在沥青路或水泥场地用车辆碾压脱粒，以防造成谷胚霉菌感染，或发生生理变化。

1.2 产业发展现状

考古发掘显示，赤峰杂粮杂豆种植历史悠久。其中，赤峰小米种植历史距今已有 8000 年，敖汉旗是世界小米的起源地，被称为"世界小米之乡"，总产量达 4.6 亿 kg。赤峰是全国三大杂粮主产区之一，截至 2021 年底，赤峰市谷子年播种面积达到 400 万 hm²，约占全国谷子播种面积的 1/4。

1.2.1 产业规模不断扩大，品牌影响力持续提升

2023 年赤峰市谷子种植面积 280 万亩，产量 61 万 t，位居全国第一，是国家优质谷子生产基地。"赤峰小米""敖汉小米" 2 个区域公用品牌入选中国农业品牌目录，品牌价值分别达到 176.36 亿元和 273.15 亿元，分别获批农产品地理标志产品和中国国家地理标志证明商标。赤峰市现有谷子产业市级以上农牧业产业化重点龙头企业 61 家，其中国家级 2 家、区级 17 家、市级 42 家，均位居全区第一。

赤峰市敖汉旗是全国县级最大优质谷子生产基地，谷子种植面积常年稳定在百万亩以上，年产量 6 亿斤[①]以上，收益 8 亿元以上。在当地，对小米的保护和传承从选种阶段就开始了。一直以来，赤峰市敖汉旗农业遗产保护中心搜集推广谷子、高粱、糜子、杂豆等传统品种 218 个，并从中筛选优质品种进行推广，选育出谷子新品种金苗 K1、敖谷 8000 等。2014—2023 年期间，赤峰市连续举办十届世界小米起源与发展大会，面向全球加大赤峰小米宣传推介力度。最好的保护是传承，是发展。敖汉小米市场需求大，龙头企业、专业合作社迅速兴起。赤峰市近来紧紧抓住小米产业，建设了品种保护基地、品种交换中心。从敖汉旗兴隆洼遗址出土的碳化粟粒到搭乘"天宫二号"筑梦太空的空间站种子，被誉为中华农耕文明活化石的敖汉小米，见证了人类旱作农业从萌生、发展到成熟的全过程，生生不息、代代传承。

赤峰小米品牌价值逐年提升，2018 年"赤峰小米"品牌价值 2.5 亿元，2020 年 61.66 亿元，2023 年 176.36 亿元，创造了 6 年内增长 70 倍的佳绩，是广袤的赤峰大地亮眼的区域公用品牌。

---

① 1 斤 = 0.5 kg，全书同。

1.2.2　经济效益和社会效益显著提升

赤峰市小米产业发展坚持市场主导、政府扶持、品牌引领、创新驱动、绿色发展的原则，促进小米产业经济效益、文化效益、社会效益、生态效益协调统一和可持续发展。赤峰市小米产业保护遵循品种优良化、种植规模化、生产标准化、加工精细化、流通规范化、经营品牌化的原则，构建育种、种植、加工、流通、服务全过程的产业体系。近年来，在赤峰市委、市政府的推动和扶持下，赤峰市小米产业发展已经初具规模，连续举办了十届世界小米起源与发展大会。从 2019 年 4 月起，在中央电视台播出"敖汉小米，熬出中国味"广告语，在敖汉旗建立敖汉小米博物馆。赤峰人自己创作的舞台剧《赤峰小米天下传》发布。录制和编印了"赤峰小米"宣传片和宣传画册。2019 年"金苗 K1"被中国作物协会粟类作物专业委员会评为"国家一级优质米"称号。

为贯彻落实习近平总书记"把内蒙古建设成为国家重要农畜产品生产基地"指示精神，立足赤峰市资源禀赋、区位和产业优势，保护赤峰市小米品质和特色，促进赤峰市行政区域内小米特色产业高质量发展，规范标准化生产和提升质量安全监管能力，实施赤峰市小米品牌发展战略，赤峰市农牧局起草了《赤峰市小米产业保护促进条例》，保护赤峰市小米产业，有效地将小米产地优势转变为产业优势。农牧业发展因品牌而兴，也因品牌而名。赤峰市 12 个旗县区品种培优、品质提升、品牌打造统筹推进，"1+N+M"品牌建设构架初显，从注册农产品地理标志到培育农畜产品区域公用品牌，从单产业公用品牌到企业品牌，农牧业品牌化联农带农富农作用日渐凸显。品牌建设的推进带来了品牌价值的不断提升。2023 年 12 月，第十届内蒙古品牌大会公布"2023 年内蒙古知名区域公用品牌榜"，赤峰市区域公用品牌总价值 754.5 亿元，其中敖汉小米 273.2 亿元、赤峰小米 176.4 亿元、赤诚峰味 135.7 亿元、赤峰绿豆 106.9 亿元、赤峰羊绒 62.3 亿元，居自治区首位。赤峰小米、敖汉小米、赤诚峰味位列自治区知名区域公用品牌前 10 强。

敖汉旗作为农牧业大旗，打造品牌始终是其实现农牧业转型升级、提高市场占有率的关键。近年来，敖汉旗因地制宜、科学谋划，积极探索并走出了一条有稳定质量、有鲜明特色、有文化内涵的区域公用品牌发展之路。经过多年不懈努力，如今，敖汉小米已成功入选中国农业品牌目录、2023 年全国农业品牌精品培育名单。在敖汉旗惠隆杂粮种植农民专业合作社，这里的社员是农人更是工人，忙碌中享受着耕种与生产并行的"两头甜"生活。其打造的"孟克河"小米品牌享誉全国，聚集人才优势、资金优势、产业优势打造的小米酥、小米油等多元化商品畅销国内市场，为企业和产业的共同发展带来无限生机。

1.2.3　加快乡村振兴步伐

赤峰小米的发展现状表现为产业规模不断扩大、品牌影响力持续提升、经济效益和社会效益显著提升，成为当地乡村振兴的重要支柱产业之一。为促进赤峰地区小米产业发展，助力"赤峰小米"走出赤峰市，赤峰市供销合作社系统主动作为、创新理念、上下联动，助力"赤峰小米"产业发展。截至目前，全市供销合作社系统共有"赤峰小米"生产、加工、经营、流通相关企业40余家，注册有"契丹小镇""林东毛毛谷""绿之坊""农合天下""土山沟""毛龙川""孟克河"等重点品牌。

敖汉小米作为赤峰小米的重要代表，近几年来通过建基地、育龙头、打品牌，已经实现了从种植到加工，从销售到文化旅游的全产业链发展，塑造了全国出名的区域公用品牌，成为全国最大的优质小米生产基地。敖汉旗旗政府每年预算小米产业发展专项资金4000万元，用于基地建设、可追溯系统建立及支持企业品牌打造等，把小米产业打造成敖汉旗三大主导产业之一，拓宽农牧民增收渠道；通过做大做强小米产业，实现了巩固拓展脱贫攻坚成果同乡村振兴的有效衔接。敖汉旗小米种植面积由40万亩发展到100万亩，分别占全国和全自治区的3.8%和17.3%。全旗年均生产小米4.5亿斤，产值超10亿元，农民人均纯收入增加1000元，小米产业成了产业振兴的强大引擎。"敖汉小米"品牌在2016年获批国家地理标志证明商标，2019年敖汉小米入选中国农业品牌目录及农产品区域公共品牌，评估价值113.53亿元。2020年敖汉旗旱作农业系统保护模式成功入选第二届"全球减贫案例征集活动"首批最佳案例。

赤峰是全国三大杂粮主产区之一，得天独厚的地理位置和生态优势，非常适合小米等杂粮杂豆等农作物的生长，赤峰小米的发展推动了杂粮产业的发展，有效带动了农民就业增收，助力了乡村振兴。赤峰小米产业发展依据"龙头企业＋合作社＋农户"的运行模式，有效衔接小米生产、加工和销售等各个环节，实现企业获利、农民增收和经济发展的多方共赢局面。赤峰小米构建"规模化、精优化"的种植体系，以产业谋发展、以就业促增收，为乡村振兴注入不竭动力。近年来,"赤峰小米"产业和品牌建设稳步推进,赤峰市小米产业的发展壮大和品牌价值的提升,对促进农业供给侧结构性改革、增加农民收入、加快乡村振兴步伐都具有重要意义。

1.2.4 制定地方标准

赤峰市农牧业产业化龙头企业协会牵头组织编制了"赤峰小米""赤峰荞麦""赤峰绿豆""赤峰葵花"4个农产品地方标准,这4个赤峰的名优特产品拥有了国际认可的地理标志证明商标,进一步提升了知名度,有利于农民增产增收。这4个产品地方标准制定过程,按照严格的制定工作流程,由赤峰市农牧业产业化龙头企业协会牵头,联合赤峰市质量监督检验局、赤峰市农牧科学研究所、赤峰市农牧局、赤峰市农畜产品质量安全监督站、赤峰市产品质量检验检测中心、赤峰市出入境检验检疫局等多个单位的专家成立的标准制定委员会,分准备阶段、立项阶段、起草阶段、征求意见阶段、审查阶段等多个工作流程,历时近一年的时间对"赤峰小米""赤峰荞麦""赤峰绿豆""赤峰葵花"4个中国地理标志产品进行地方标准制定。制定完成后,形成包括前言、范围、规范性引用文件、术语定义、分类、质量要求、检验方法、检验规则、标签标识、包装储存和运输以及品种要求、种植规范、田间管理、国家地理标志证明商标使用规范等多个内容的地方产品标准。

赤峰的4个主要农产品有了国际认可的地理标志证明商标,便具有了进入市场的"身份证",在地方标准制定完成后,对提升中国地理标志保护产品"赤峰小米""赤峰荞麦""赤峰绿豆""赤峰葵花"的知名度,推动产业持续发展,促进农民增产增收具有重要的现实意义。

1.2.5 当前产业发展的建议

(1)高度重视引进、培育和推广"赤峰小米"新品种,出台配套政策和激励措施。良种是农业生产的基础,推行良种关乎千万农民的切身利益,应组织科研机构进行技术攻关,研发培育更适合赤峰地区种植的优质小米新品种和杂交品种,如对大金苗、大红谷、赤谷等传统品种进行提纯复壮等。结合当地实际情况,出台激励措施,加大对优良谷种的甄别、宣传、推广力度。对成功引进、培育、推广审定的小米新品种企业(合作社)或科研机构进行奖励补助，促使更多"合作社"、企业、种粮大户充分认识新品种的先进性和优越性，促进"赤峰小米"产业提质增效。

（2）完善溯源体系，扎实开展有机小米基地认证和"赤峰小米"产品认证，保障食品消费安全。成立"赤峰小米"品牌建设领导小组，加快推进绿色有机小米、"赤峰小米"产品认证和溯源工作。协助有条件的种植基地开展绿色有机小米认证，对符合"赤峰小米"质量执行标准的小米进行质量背书和原产地背书，帮助尚未认定但符合"赤峰小米"质量执行标准的基地聘请第三方进行认证，支持赤峰境内年加工销售小米 1000 t 以上的企业（合作社）进行"赤峰小米"产品认证。支持企业（合作社）开展"赤峰小米"品牌溯源系统建设，通过地理标志体现原产地企业名称，通过二维码溯源，通过重要指标参数展示产品质量，对平台建设和运营维护达到创建标准的企业（合作社）给予适当的奖励补贴。

（3）纾困解忧，建立"赤峰小米"原料收购担保基金，帮助企业解决融资难、融资贵难题。近年来，内蒙古不断加强政策研究，出台了一系列惠企助企政策，解决了部分企业融资难题，但却没有设立针对"赤峰小米"收购季节性强、短期需要资金量大、风险较为可控特点的专项担保资金。为进一步完善省市级融资担保体系，充分调动银行、担保公司等金融机构的积极性，建立"赤峰小米"原料收购担保基金，为收购小米企业提供融资担保服务，着力解决"赤峰小米"有关企业收购资金不足，融资难、融资贵等问题。

（4）强化网络推介，做好品牌的运营和推广，提高"赤峰小米"品牌知名度。坚持市场主导与政府推动相结合，广泛动员社会力量，形成品牌培育合力，引导更多合规企业（合作社）产品包装物改版印刷"赤峰小米"商标。支持授权企业（合作社）建立"赤峰小米"牌匾、广告牌，帮助使用"赤峰小米"商标的企业（合作社）开展线上销售业务，对在阿里巴巴、天猫、京东、苏宁等各大电商平台线上销售"赤峰小米"且业绩良好的企业（合作社）给予奖励。政企共同培育网络销售人才，组织小米生产、销售企业（合作社）参加国内外重要展会。通过采取多种措施，多角度、全方位扩大"赤峰小米"品牌影响力，树立品牌示范型企业，全面打响"赤峰小米"商标品牌。

1.3 品牌宣介

粟香八千载，犁耕数千年。赤峰小米，从绽开农耕文明的第一缕曙光起，一直是旱作农业的经典范品，是中国北方民族餐桌上最耀眼的主食之一。

1.3.1 品质独特，千年谷香今更浓

土地面积 9 万 km^2 的赤峰市，地处中国北方农牧交错带，是典型的旱作农业区，是中国小米产业带核心区。优质小米种植面积常年保持在 300 万 hm^{2}以上，年产量近 20 亿斤。赓续千年谷香，依靠科技手段传本推优。赤峰市选育出了黄金苗、毛毛谷、红谷、赤谷等多个地方优良品种推广种植。2016年 8 月，赤峰黄金苗谷种搭载我国第一个空间实验站——天宫二号升入太空，开启了太空育种的新篇章。赤峰小米标准体系发布实施，实现了"从田间到餐桌"全程质量可控，保证了赤峰小米的绿色、有机高品质。

赤峰小米适口性好，质纯味正，香软可口，营养丰富。经过中国农业科学院草原研究所品质鉴评发现，赤峰小米富含丰富的蛋白质、粗纤维、维生素 E、铁等人体所需元素，氨基酸组合比例优良。小米饭金黄馨香，魅力十足，充满诱惑，成为餐桌上最受欢迎的健康食品。赤峰小米从绿色田园一路走来，承载着时间的重量，收获着无数口碑的感动，成为人们争相购买馈赠亲友的上等佳品。

1.3.2 文化传承，农耕文明与产业创新融合

龙乡谷源，粟香千年。围绕粟的种植、加工、食用等，形成的生产生活方式、习俗、观念、精神等诞生了粟文化。悠久灿烂源远流长的历史文化，造就了赤峰市 8000 年的农耕文明。它是古代财富的象征，健康饮食的典范，更是吃苦耐劳等民族精神的载体。

赤峰市具有丰富的历史文化资源和强大的小米产业基地，以赤峰小米为主题，培育了一批集农业生产旅游观光、休闲体验于一体的休闲农业，谷子景观田、小米产业园、小米博物馆、特色村镇、小米饭农家院等文创、文旅

产品建设打造应运而生。小米精深加工，小米酒、醋、化妆品、茶、休闲食品等产品的开发都走上了发展的快车道，赤峰小米所独有的地域性和文化传承性得到进一步彰显。

1.3.3 品牌传播，锻造高质量发展新引擎

钟情旱耕，千年一脉，薪火延绵。赤峰市倾力打造赤峰小米区域公用品牌，2016 年赤峰小米登记为农产品地理标志产品；2017 年荣获中国农业博鳌论坛"神农杯"最具影响力农产品区域品牌奖；2018 年注册为地理标志证明商标；2019 年农业农村部等九部委联合认定赤峰市为赤峰小米中国特色农产品优势区，同年，赤峰小米农产品区域公用品牌入选首批国家农业品牌目录，并入选 2019 年第四批全国名特优新农产品名录，通过内蒙古"蒙字标"认证；2023 年入选内蒙古知名区域公用品牌。

线上线下强势宣传推介。赤峰市连续召开十届"世界小米起源与发展大会"，引领小米产业国际化发展。利用新媒体传播赤峰小米品牌故事，亮相国内国际展览会，多次获得产品金奖，赤峰小米声名鹊起，让"小米味道"香飘万里，走向全国、迈向世界。目前，赤峰市农牧局已授权全市 49 家企业使用赤峰小米农产品地理标志，培育打造了"契丹""蒙田""恒丰绿谷"等几十个产品品牌，"三品一标"认证产品达到 50% 以上。

赤峰小米 8000 年粟源经久不衰，时至今日蓬勃飞速发展，彰显了它强大的生命力、广阔的市场前景和未来高速发展的趋势，是广袤的赤峰大地前景看好的朝阳产业。

春耕夏耘，秋收冬藏，赤峰小米不仅是留存于这片土地上的一个历史标本，是祖先驯化谷子从蛮荒通向文明时代的起点，更是现代赤峰人赓续自然基因，与自然相依相谐的典范。它折叠着时间，收藏着万古，沉淀着营养，只为共赴一场盛宴，为人类绽放舌尖上回味无穷的美好记忆。

第 2 章

赤峰小米品质评价结果分析

2022 年 10 月至 2023 年 5 月，从赤峰市翁牛特旗、克什克腾旗、林西县、巴林右旗、阿鲁科尔沁旗、巴林左旗、元宝山区、红山区、敖汉旗、宁城县、松山区、喀喇沁旗 12 个县 / 区 / 旗及其河北省张家口市、黑龙江省哈尔滨市、陕西省延安市、山西省大同市采集了谷子、小米、产地土壤样本，检测了营养品质、食用加工品质、色泽、风味等多项指标。本章总结了采样信息、检测方法，并针对谷子和小米 79 项营养品质指标检测数据进行了统计和描述。

2.1 样本采集

在项目支持下共采集了赤峰市区谷子样本 70 批次、小米样本 109 批次（赤峰市 97 批次、区外 12 批次）、土壤样本 164 批次。覆盖赤峰市 12 个县级行政区以及河北省、黑龙江省、陕西省、山西省 4 个区外小米主产地区，具体分布如表 2-1 所示。

表 2-1　赤峰市及其他产区样本数统计　　　　　　单位：个

市级地区	县区旗级地区	谷子	小米	土壤
赤峰市	翁牛特旗	7	6	6
	克什克腾旗	4	4	4
	林西县	6	10	14
	巴林右旗	6	9	12

续表

市级地区	县区旗级地区	谷子	小米	土壤
	阿鲁科尔沁旗	6	13	12
	巴林左旗	4	5	6
	元宝山区	6	10	36
	红山区	1	1	4
赤峰市	敖汉旗	9	11	8
	宁城县	3	5	10
	松山区	9	12	12
	喀喇沁旗	9	11	40
河北省张家口市		—	3	—
黑龙江省哈尔滨市		—	3	—
陕西省延安市		—	3	—
山西省大同市		—	3	—
总计		70	109	164

共采集 24 个小米品种，109 批次，样本数和产地如表 2-2 所示。选择了小米样本重复数大于 2 的品种，用于分析不同品种之间的品质差异。

表 2-2 小米样本品种统计信息   单位：个

No	品种名称	品种样本数	产地	产地样本数	No	品种名称	品种样本数	产地	产地样本数
1	敖谷 8000	2	敖汉旗	2	17	黄金苗	2	林西县	2
2	辰诺金苗	2	敖汉旗	1	18	黄谷	1	林西县	1
			克什克腾旗	1	19	金谷十八	1	元宝山区	1
3	赤谷	10	喀喇沁旗	2	20	金苗	38	元宝山区	3
			林西县	3				翁牛特旗	1
			宁城县	1				松山区	3
			松山区	1				宁城县	3
			翁牛特旗	1				林西县	1
			巴林右旗	2				克什克腾旗	1

续表

No	品种名称	品种样本数	产地	产地样本数	No	品种名称	品种样本数	产地	产地样本数
4	大金苗	11	阿鲁科尔沁旗	8	20	金苗	38	喀喇沁旗	4
			巴林右旗	2				红山区	1
			巴林左旗	1				巴林左旗	2
5	东谷	4	敖汉旗	2				巴林右旗	5
			元宝山区	1				敖汉旗	4
			喀喇沁旗	1				阿鲁科尔沁旗	10
6	峰红 4 号	1	敖汉旗	1	21	金香玉	5	元宝山区	2
7	黑谷	1	喀喇沁旗	1				松山区	2
8	黄谷	3	林西县	1	22	绿谷	2	松山区	2
			宁城县	1	23	毛毛谷	6	巴林左旗	2
			喀喇沁旗	1				阿鲁科尔沁旗	2
9	黄八叉	1	松山区	1				林西县	2
10	蒙古米	1	翁牛特旗	1	24	张杂	12	元宝山区	1
11	蒙龙香谷	2	克什克腾旗	1				翁牛特旗	1
12			喀喇沁旗	1				松山区	1
13	太空	1	敖汉旗	1				林西县	3
14	意谷	1	翁牛特旗	1				克什克腾旗	1
15	裕谷 13	1	喀喇沁旗	1				巴林左旗	2
16	中谷 9	1	敖汉旗	1				阿鲁科尔沁旗	3

2.2　检测方法及主要仪器

2.2.1　谷子与小米的检测

谷子与小米检测方法参照《食品安全国家标准　食品中水分的测定》

（GB/T 5009.3—2016）、《食品安全国家标准　食品中蛋白质的测定》（GB/T 5009.5—2016）、《食品安全国家标准　食品中脂肪的测定》（GB/T 5009.6—2016）、《粮油检验　粮食中粗纤维素含量测定　介质过滤法》（GB/T 5515—2008）、《食品安全国家标准　食品中淀粉的测定》（GB/T 5009.9—2016）、《稻米直链淀粉的测定　分光光度法》（NY/T 2639—2014）、《鲜食玉米中直链淀粉和支链淀粉含量的测定　双波长分光光度法》（DB32/T 2265—2012）、《食品安全国家标准　食品中氨基酸的测定》（GB/T 5009.124—2016）、《食品安全国家标准　食品中脂肪酸的测定》（GB/T 5009.168—2016）、《饲料中维生素 E 的测定　高效液相色谱法》（GB/T 17812—2008）、《食品安全国家标准　食品中多元素的测定》（GB/T 5009.268—2016）、《食品安全国家标准　食品中硒的测定》（GB/T 5009.93—2017）等方法，标准中没有的方法参考国内外文献。

2.2.2　土样的检测

采集的土样，经过风干后，用研钵研磨，分别过 18 目、60 目和 100 目的筛子，制作成 3 种细度的土样，放于自封袋中常温保存待测。

土样检测方法参照《土壤检测　第 6 部分：土壤有机质的测定》（NY/T 1121.6—2006）、《土壤检测　第 2 部分：土壤 pH 的测定》（NY/T 1121.2—2006）、《土壤检测　第 24 部分：土壤全氮的测定自动定氮仪法》（NY/T 1121.24—2012）、《土壤全磷测定法》（GB/T 9837—1988）、《土壤全钾测定法》（NY/T 87—1988）、《土壤速效氮测定》（DB13/T 843—2007）、《土壤检测　第 7 部分：土壤有效磷的测定》（NY/T 1121.7—2014）、《土壤速效钾测定》（DB13/T 844—2007）、《微量元素 ICP-AES 快速测定土壤、水系沉积物中的 20 种元素》等方法。

2.2.3　主要仪器

检测用主要仪器有全自动凯式定氮仪（FOSS 8420）、电导仪（METTLER TOLEDO FE38）、纤维分析仪（Ankom）、气相色谱仪（日本岛津公司 GC-2010plus）、全谱直读等离子体发射光谱仪 ICP（利曼 prodigy）、原子荧光分光光度计（北京吉天仪器 AFS-9230）、电子天平（梅特勒－托利多，XS204）、紫外可见分光光度计（日本岛津，UV-2450）、微波灰化系统（CEM phoenix）、全自动氨基酸分析仪（德国塞卡姆 S433D）、烘箱

（THERMOFISHER OMH180-S）、高效液相色谱仪（Alliance e2695）、超高压液相色谱仪（美国 Waters I class）、电子鼻（德国 Airsense PEN3）等。

2.3 数据描述统计

2.3.1 赤峰谷子与赤峰小米常规营养成分

各产区谷子和小米常规营养成分含量如表 2-3、表 2-4 所示。由表可知，谷子水分、可溶性糖、粗纤维在各产地中的变化最大，变异系数为 30.13%、30.15% 和 15.89%；小米水分、脂肪、粗纤维、灰分、可溶性糖在各产地中的变化最大，变异系数分别为 28.33%、28.15%、52.71%、32.16%、29.80%。

表 2-3 赤峰谷子常规营养成分 单位：%

项目	平均值	标准差	极大值	极小值	变异系数
水分	7.12	2.15	11.95	4.59	30.13
蛋白	9.01	1.17	14.27	5.96	12.94
脂肪	3.70	0.40	4.67	3.02	10.67
粗纤维	8.91	1.42	14.83	4.46	15.89
灰分	2.93	0.35	3.88	2.00	11.91
可溶性糖	0.77	0.23	1.52	0.37	30.15
能量 /（J/g）	17 620.51	433.63	18 294.00	16 584.00	2.46
淀粉	67.78	3.89	74.16	55.18	5.74
直链淀粉	18.34	1.29	21.54	14.03	7.04
支链淀粉	81.66	1.29	85.97	78.46	1.58

表 2-4 赤峰小米常规营养成分 单位：%

项目	平均值	标准差	极大值	极小值	变异系数
水分	8.36	2.37	12.42	4.36	28.33
蛋白	9.10	1.08	11.93	6.56	11.84
脂肪	3.66	1.03	5.43	1.09	28.15

续表

项目	平均值	标准差	极大值	极小值	变异系数
粗纤维	1.91	1.01	6.49	0.38	52.71
灰分	1.21	0.39	2.10	0.33	32.16
可溶性糖	0.63	0.19	1.15	0.18	29.80
能量 / (J/g)	17 373.73	572.83	18 214.00	16 229.00	3.30
淀粉	78.67	5.85	95.05	63.49	7.43
直链淀粉	21.36	2.24	25.90	15.35	10.51
支链淀粉	78.64	2.24	84.65	74.10	2.85

2.3.2 赤峰谷子与赤峰小米氨基酸成分

各产区谷子和小米氨基酸成分含量如表 2-5、表 2-6 所示。由表可知，脯氨酸在谷子和小米中的变异系数都相对较高（谷子为 40.16%，小米为 23.37%），这可能意味着脯氨酸的含量在不同产地的这两类粮食中差异较大。其次，精氨酸在谷子和小米的变异系数也较高（谷子为 33.06%，小米为 33.55%），胱氨酸在小米中的变异系数（34.92%）相比其他氨基酸也较突出。高变异系数可能意味着这些氨基酸的含量受环境（如气候、土壤类型、种植条件等）或品种影响较大。

谷氨酸在谷子和小米中含量最高，其平均值分别为 1.90% 和 2.20%，变异系数为 12.50% 和 12.78%。

表 2-5 赤峰谷子氨基酸成分　　　　　　　　　　　　　单位：%

项目	平均值	标准差	极大值	极小值	变异系数
苏氨酸	0.36	0.04	0.46	0.23	11.03
缬氨酸	0.41	0.07	0.59	0.23	15.98
蛋氨酸	0.23	0.05	0.33	0.12	20.24
异亮氨酸	0.36	0.05	0.48	0.20	14.47
亮氨酸	1.07	0.18	1.56	0.51	17.24
苯丙氨酸	0.60	0.09	0.79	0.37	15.06
赖氨酸	0.21	0.03	0.26	0.12	15.52

续表

项目	平均值	标准差	极大值	极小值	变异系数
组氨酸	0.29	0.02	0.35	0.21	8.53
胱氨酸	0.09	0.02	0.14	0.07	16.53
酪氨酸	0.33	0.07	0.49	0.15	21.75
丝氨酸	0.42	0.07	0.58	0.19	17.88
谷氨酸	1.90	0.24	2.53	1.18	12.50
脯氨酸	0.47	0.19	0.85	0.07	40.16
甘氨酸	0.25	0.02	0.30	0.18	8.38
丙氨酸	0.66	0.14	1.01	0.25	21.61
天冬氨酸	0.67	0.08	0.86	0.41	12.32
精氨酸	0.20	0.07	0.32	0.03	33.06

表 2-6 赤峰小米氨基酸成分

单位：%

项目	平均值	标准差	极小值	极大值	变异系数
苏氨酸	0.40	0.05	0.53	0.31	11.57
缬氨酸	0.51	0.06	0.67	0.34	11.64
蛋氨酸	0.29	0.04	0.41	0.17	15.10
异亮氨酸	0.42	0.05	0.56	0.27	13.14
亮氨酸	1.29	0.20	1.90	0.80	15.30
苯丙氨酸	0.60	0.08	0.81	0.45	12.86
赖氨酸	0.21	0.04	0.27	0.12	17.02
组氨酸	0.31	0.06	0.64	0.22	19.45
胱氨酸	0.18	0.06	0.38	0.10	34.92
酪氨酸	0.32	0.05	0.50	0.22	16.33
丝氨酸	0.49	0.08	0.69	0.29	15.52
谷氨酸	2.20	0.28	3.03	1.71	12.78
脯氨酸	0.62	0.14	0.97	0.10	23.37

续表

项目	平均值	标准差	极小值	极大值	变异系数
甘氨酸	0.27	0.04	0.36	0.18	14.38
丙氨酸	0.84	0.15	1.31	0.41	17.92
天冬氨酸	0.72	0.10	0.96	0.54	13.18
精氨酸	0.24	0.08	0.42	0.04	33.55

2.3.3 赤峰谷子和赤峰小米脂肪酸成分

各产区谷子和小米平均脂肪酸含量如表2-7、表2-8所示。

谷子：亚油酸（C18:2）含量最高，平均值达到了2.354%，并且变异系数为14.479%；这意味着不同产地、不同品种的谷子亚油酸的含量是相对稳定的。其次是油酸（C18:1），平均值为0.630%，变异系数为20.797%，在不同产地、不同品种谷子中的含量变异相对较大。

小米：亚油酸（C18:2）同样是含量最高的脂肪酸，平均值为2.562%，变异系数为20.653%，其他的脂肪酸包括棕榈酸（C16:0）、硬脂酸（C18:0）、花生酸（C20:0）、油酸（C18:1）的变异系数都在22%～30%，这意味着这些脂肪酸在不同产地、不同品种的小米中含量可能差异较大。

总的来说，谷子和小米的脂肪酸含量都以亚油酸为主，这是人体必需的不饱和脂肪酸，有助于预防心血管疾病，并且其含量相对稳定。

表 2-7 赤峰谷子脂肪酸成分（含量 >0.01%）　　　　单位：%

项目	平均值	标准差	极大值	极小值	变异系数
棕榈酸（C16:0）	0.336	0.063	0.594	0.242	18.794
硬脂酸（C18:0）	0.257	0.069	0.495	0.083	26.885
花生酸（C20:0）	0.054	0.012	0.085	0.025	22.926
油酸（C18:1）	0.630	0.131	0.970	0.449	20.797
亚油酸（C18:2）	2.354	0.341	3.413	1.641	14.479
亚麻酸（C18:3）	0.113	0.053	0.369	0.055	3.667

表 2-8　赤峰小米脂肪酸成分（含量 >0.01%）　　　　　　单位：%

项目	平均值	标准差	极大值	极小值	变异系数
棕榈酸（C16：0）	0.330	0.075	0.513	0.124	22.642
硬脂酸（C18：0）	0.261	0.077	0.395	0.086	29.520
花生酸（C20：0）	0.631	0.168	1.066	0.226	26.586
油酸（C18：1）	0.059	0.016	0.086	0.027	26.957
亚油酸（C18：2）	2.562	0.529	3.396	0.951	20.653
亚麻酸（C18：3）	0.116	0.055	0.426	0.033	47.032

2.3.4　谷子与小米矿质元素及维生素

各产区、各品种谷子和小米矿质元素及维生素平均含量如表 2-9、表 2-10 所示。

谷子：钾含量最高，平均为 3672.024 mg/kg；其次是镁，平均为 1379.558 mg/kg；再次是钙，平均为 855.836 mg/kg。维生素 B_1 含量也相对较高，平均为 0.797 mg/100g。变异系数中，全磷（26.850%）和铁（41.520%）的含量变异较大。

小米：钾含量最高，平均为 2325.547 mg/kg；其次是镁含量最高，平均为 1205.407 mg/kg；再次是钙，平均为 470.286 mg/kg。维生素 A 含量相对较高，平均为 7.606 μg/100 g。变异系数方面，钠（87.520%）、铜（37.042%）、铁（44.043%）、全磷（29.928%）和维生素 B_2（33.198%）的含量变异较大。

表 2-9　赤峰谷子矿质元素及维生素成分

项目	平均值	标准差	极大值	极小值	变异系数 /%
钾 /（mg/kg）	3672.024	697.620	5397.363	2434.944	18.998
钠 /（mg/kg）	155.592	21.874	218.767	116.432	14.059
钙 /（mg/kg）	855.836	150.150	1330.457	528.416	17.544
镁 /（mg/kg）	1379.558	154.784	1981.771	894.338	11.220
铜 /（mg/kg）	11.391	1.255	16.488	9.308	11.017

续表

项目	平均值	标准差	极小值	极大值	变异系数 /%
铁 /（mg/kg）	141.832	58.888	390.096	58.602	41.520
锰 /（mg/kg）	28.213	2.723	36.286	20.770	9.653
锌 /（mg/kg）	35.308	6.648	55.502	24.704	18.830
硒 /（mg/kg）	0.039	0.006	0.055	0.028	15.445
全磷 /%	8.020	2.154	12.795	4.545	26.850
维生素 B_1 含量 /（mg/100 g）	0.797	0.117	1.080	0.559	14.653
维生素 B_2 含量 /（mg/100 g）	0.182	0.035	0.290	0.130	19.107
维生素 A 含量 /（μg/100 g）	6.194	0.817	9.200	4.800	13.197
维生素 E 含量 /（mg/100 g）	1.513	0.153	1.836	1.212	10.105

表 2-10　赤峰小米矿质元素及维生素成分

项目	平均值	标准差	极大值	极小值	变异系数 /%
钾 /（mg/kg）	2325.547	528.151	3489.121	1061.769	22.711
钠 /（mg/kg）	307.195	268.858	757.873	70.238	87.520
钙 /（mg/kg）	470.286	106.259	1234.939	287.099	22.595
镁 /（mg/kg）	1205.407	274.973	1668.937	506.001	22.812
铜 /（mg/kg）	6.026	2.232	10.565	1.158	37.042
铁 /（mg/kg）	81.352	35.830	302.426	37.454	44.043
锰 /（mg/kg）	16.424	4.169	24.164	7.785	25.386
锌 /（mg/kg）	28.359	7.420	48.122	5.085	26.165
硒 /（mg/kg）	0.051	0.008	0.069	0.034	15.036
全磷 /（mg/kg）	6.481	1.940	12.268	2.564	29.928
维生素 B_1 含量 /（mg/100 g）	0.607	0.136	0.863	0.253	22.404
维生素 B_2 含量 /（mg/100 g）	0.093	0.031	0.160	0.036	33.198
维生素 A 含量 /（μg/100g）	7.606	1.042	9.800	5.000	13.696
维生素 E 含量 /（mg/100g）	1.278	0.166	1.636	0.996	13.019

2.4 主成分分析模型构建

2.4.1 不同产地赤峰谷子主成分分析

由表 2-11 可知，不同产地谷子各营养品质性状表现为，①蛋白质类：林西县、宁城县和元宝山区表现较佳；②脂肪类：敖汉旗、松山区和元宝山区表现较佳；③淀粉类：红山区、克什克腾旗和翁牛特旗表现较佳；④水分：克什克腾旗、林西县和翁牛特旗表现较佳；⑤维生素类：巴林右旗、克什克腾旗和松山区表现较佳；⑥矿物质类：巴林右旗、红山区和宁城县表现较佳；⑦综合评分：林西县、宁城县和元宝山区表现较佳。

表 2-11 不同产地赤峰谷子品质预测评价结果

产地	蛋白质类	脂肪类	淀粉类	水分	维生素类	矿物质类	综合评分
阿鲁科尔沁旗	−1.301	−0.306	0.047	−0.345	0.203	−0.136	−0.525
敖汉旗	−0.276	0.157	−0.136	0.113	0.138	0.112	−0.058
巴林右旗	−0.087	−0.216	−0.112	0.092	0.299	0.246	−0.052
巴林左旗	−1.269	−0.408	0.062	−0.363	−0.556	−0.025	−0.573
红山区	−0.182	−0.181	0.135	−0.271	−0.385	0.341	−0.113
克什克腾旗	0.430	0.113	0.073	0.131	0.256	−0.109	0.198
林西县	0.733	0.014	−0.013	0.190	0.051	0.017	0.272
宁城县	0.931	0.115	0.066	−0.248	0.128	0.337	0.358
松山区	0.531	0.145	0.043	0.042	0.263	−0.087	0.232
翁牛特旗	−0.158	−0.027	0.106	0.126	−0.086	0.003	−0.047
元宝山区	0.608	0.248	−0.012	0.018	−0.426	0.004	0.238

2.4.2 不同品种谷子主成分分析

由表 2-12 可知，研究区内不同品种谷子营养品质性状表现为，①蛋白质类：黄金苗、金香玉和张杂 6 号表现较佳；②脂肪类：东风香谷、峰红 4

号和黄八叉表现较佳；③淀粉类：东风香谷、峰红 4 号和绿谷表现较佳；④
水分：辰诺金苗、黄金苗和张杂 6 号表现较佳；⑤维生素类：赤谷 2 号、黄
八叉和中谷 9 号表现较佳；⑥矿物质类：赤谷 2 号、峰红 4 号和黄金苗表现
较佳；⑦综合评分：东风香谷、金香玉和张杂 6 号表现较佳。

表 2-12　不同品种赤峰谷子品质预测评价结果

品种	蛋白质类	脂肪类	淀粉类	水分	维生素类	矿物质类	综合评分
敖谷 8000	0.189	−0.005	0.143	0.111	−0.175	0.408	0.090
辰诺金苗	0.332	−0.320	0.059	0.194	−0.052	−0.254	0.057
赤谷 2 号	0.922	−0.354	−0.199	0.091	0.442	1.058	0.302
赤谷 4 号	0.156	0.199	−0.566	0.176	0.136	0.137	0.066
大金苗 K1	−0.288	−0.158	0.020	−0.110	−0.042	−0.030	−0.140
大金苗 K4	0.548	−0.164	0.204	0.125	0.288	−0.109	0.197
大金苗 K6	0.235	0.131	−0.398	0.133	0.240	−0.498	0.075
东风香谷	0.577	1.676	0.496	0.095	−0.443	−0.036	0.561
东谷 5 号	0.497	0.148	−0.842	0.110	0.304	0.441	0.166
东谷 8 号	−1.239	0.215	0.151	0.103	−0.400	−0.112	−0.395
峰红 4 号	−0.968	1.129	0.463	0.109	0.103	0.745	−0.029
黑谷	−0.037	−0.360	−0.638	0.078	0.287	−0.343	−0.135
红谷	0.598	0.579	0.220	−0.017	0.269	0.501	0.377
黄八叉	0.205	0.691	0.100	−0.229	0.464	−0.553	0.210
黄金苗	1.108	−0.451	−0.764	0.205	−0.003	0.817	0.269
金谷十八	0.302	0.152	−0.225	0.111	−0.771	−0.822	0.049
金香玉	2.340	−0.142	0.206	0.088	0.129	0.046	0.820
绿谷	−0.336	0.312	0.574	0.060	0.022	−0.075	0.000
毛毛谷	−3.025	−0.299	0.042	−0.275	−0.563	0.681	−1.133
蒙古米	−0.325	−0.336	−0.121	0.147	−0.148	0.543	−0.171
蒙龙香谷	0.905	−0.194	−0.154	0.082	0.200	−0.131	0.274
太空	−1.299	−0.006	−0.797	0.119	−0.082	0.289	−0.513
意谷	0.252	−0.085	−0.084	0.143	−0.336	−0.868	0.021
张杂 13 号	−0.199	−0.034	0.127	−0.013	0.044	0.050	−0.061
张杂 6 号	1.867	−0.230	0.080	0.218	0.232	−0.531	0.619

续表

品种	蛋白质类	脂肪类	淀粉类	水分	维生素类	矿物质类	综合评分
中谷 9 号	−0.803	−0.764	0.195	0.094	0.941	0.352	−0.343
朱砂变	−0.452	0.361	−0.461	−0.052	−0.008	0.105	−0.128

2.4.3 不同产地赤峰小米主成分分析

主成分分析是设法将原来变量重新组合成一组新的相互无关的几个综合变量，同时根据实际需要从中可以取出几个较少的总和变量，以尽可能多地反映原来变量的信息的统计方法，也称主分量分析，也是数学上处理降维的一种方法。

对所有小米样本的 39 个指标进行主成分分析，结果如表 2–13 所示，提取出 6 个主成分，特征值均大于 1。累积方差贡献率达到 79.863%，解释了绝大部分原始信息。因此提取前 6 个主成分代替原 39 个指标评价小米品质，对小米品质评价的指标由初始的 39 个方面降为 6 个彼此不相关的主成分，达到降维的目的。

表 2–13　赤峰小米营养成分评价因子的特征值和累积方差贡献率

主成分	特征值	方差贡献率 /%	累积方差贡献率 /%
1	15.549	37.022	37.022
2	8.974	21.367	58.388
3	3.034	7.224	65.612
4	2.518	5.995	71.607
5	1.827	4.350	75.957
6	1.641	3.906	79.863

表 2–14 为赤峰小米的 39 个指标的主成分因子载荷矩阵，该矩阵反映了品质指标对此主成分负荷相对大小和作用，即该指标对主成分的影响程度。由表 2–14 可知，第一主成分中，载荷较高且符号为正的品质指标为蛋白及氨基酸类，该指标对第一主成分产生正向影响。第二主成分中，载荷较高且符号为正的品质指标为脂肪及脂肪酸类，该指标对第二主成分产生正向影响。第三主成分中，载荷较高的品质指标为淀粉类指标，该指标对第三主成

分产生正向影响的为总淀粉和支链淀粉，产生负向影响的为直链淀粉。第四
主成分中，载荷较高且符号为负的品质指标为水分，该指标对第四主成分产
生负向影响；第五主成分中，载荷较高且符号为正的品质指标为维生素，该
指标对第五主成分产生正向影响；第六主成分中，载荷较高且符号为正的品
质指标为矿质元素，该指标对第六主成分产生正向影响。

表 2-14 主成分在各品质指标上的因子载荷矩阵

指标	F_1	F_2	F_3	F_4	F_5	F_6
水分				−0.518		
蛋白	0.922					
脂肪		0.660				
淀粉			0.536			
直链淀粉			−0.914			
支链淀粉			0.526			
苏氨酸	0.928					
缬氨酸	0.848					
蛋氨酸	0.506					
异亮氨酸	0.875					
亮氨酸	0.854					
苯丙氨酸	0.747					
赖氨酸	0.455					
组氨酸	0.705					
胱氨酸	0.403					
酪氨酸	0.592					
丝氨酸	0.954					
谷氨酸	0.898					
脯氨酸	0.551					
甘氨酸	0.782					
丙氨酸	0.912					
天冬氨酸	0.945					
精氨酸	0.717					
总氨基酸	0.958					

续表

指标	F₁	F₂	F₃	F₄	F₅	F₆
十六碳酸		0.870				
十八碳酸		0.615				
二十碳酸		0.682				
二十二碳酸		0.867				
油酸		0.751				
亚油酸		0.778				
亚麻酸		0.826				
总脂肪酸		0.862				
硒						0.459
铁						0.504
锌						0.551
维生素 A					0.546	
维生素 B₁					0.907	
维生素 B₂					0.918	
维生素 E					0.401	

为了消除不同单位和数据量纲的影响，需对各营养指标原始数据进行标准化处理，转化成均值为 0，标准差为 1 的无量纲数据。用各指标变量的主成分得分系数矩阵（表2-15）。

表 2-15 主成分在各品质指标上的得分系数矩阵

指标	F₁	F₂	F₃	F₄	F₅	F₆
水分				−0.207		
蛋白	0.059					
脂肪		0.073				
淀粉			0.214			
直链淀粉			−0.211			
支链淀粉			0.127			
苏氨酸	0.059					
缬氨酸	0.054					

指标	F_1	F_2	F_3	F_4	F_5	F_6
蛋氨酸	0.032					
异亮氨酸	0.056					
亮氨酸	0.054					
苯丙氨酸	0.048					
赖氨酸	0.029					
组氨酸	0.045					
胱氨酸	0.143					
酪氨酸	0.038					
丝氨酸	0.061					
谷氨酸	0.057					
脯氨酸	0.368					
甘氨酸	0.050					
丙氨酸	0.058					
天冬氨酸	0.060					
精氨酸	0.046					
总氨基酸	0.061					
十六碳酸		0.097				
十八碳酸		0.068				
二十碳酸		0.076				
二十二碳酸		0.096				
油酸		0.084				
亚油酸		0.086				
亚麻酸		0.092				
总脂肪酸		0.096				
硒						0.358
铁						0.304
锌						0.368
维生素 A					0.196	
维生素 B_1					0.220	

续表

指标	F_1	F_2	F_3	F_4	F_5	F_6
维生素 B_2					0.223	
维生素 E					0.242	

以 6 个主成分及每个主成分对应的特征值占所有提取主成分总的特征值之和的比例为权重，计算主成分综合模型：

$$F_{综合} = 37.022\%F_1 + 21.367\%F_2 + 7.224\%F_3 + 5.995\%F_4 + 4.350\%F_5 + 3.906\%F_6$$

在主成分分析的基础上，根据综合得分模型计算赤峰小米的综合得分，综合得分越高，说明该小米的综合品质越好。

从表 2-16 中可以得出，①蛋白质类：敖汉旗、克什克腾旗和宁城县表现较佳；②脂肪类：敖汉旗、宁城县和松山区表现较佳；③淀粉类：阿鲁科尔沁旗、巴林右旗和喀喇沁旗表现较佳；④水分：喀喇沁旗、克什克腾旗和松山区表现较佳；⑤维生素类：巴林右旗、喀喇沁旗和克什克腾旗表现较佳；⑥矿物质类：敖汉旗、巴林左旗和翁牛特旗表现较佳；⑦综合评分：敖汉旗、克什克腾旗和宁城县表现较佳。

表 2-16 不同产地赤峰小米品质预测评价结果

产地	蛋白质类	脂肪类	淀粉类	水分	维生素类	矿物质类	综合评分
阿鲁科尔沁旗	−1.211	0.393	0.286	−0.174	−0.027	−0.180	−0.336
敖汉旗	1.283	0.664	−0.267	0.211	−0.160	0.397	0.574
巴林右旗	−0.874	0.380	0.404	0.088	0.451	−0.299	−0.172
巴林左旗	−1.047	0.312	0.091	−0.122	−0.165	0.384	−0.297
红山区	−1.075	−0.680	0.159	−0.068	−0.373	−0.115	−0.525
喀喇沁旗	−0.082	0.518	0.165	0.300	0.393	−0.395	0.116
克什克腾旗	0.802	0.476	−0.287	0.285	0.751	−0.039	0.407
林西县	0.543	0.360	0.160	−0.131	0.346	0.009	0.287
宁城县	0.698	0.538	0.057	0.142	0.330	0.300	0.394
松山区	0.082	0.579	−0.191	0.233	0.329	−0.212	0.152
翁牛特旗	0.567	0.421	0.115	0.144	0.104	0.717	0.333
元宝山区	0.090	0.349	0.051	0.118	0.193	0.053	0.126

2.4.4 不同品种小米主成分分析

从表2–17中可以得出，①蛋白质类：大金苗K3、东谷5号和中谷9号表现较佳；②脂肪类：大金苗K6、峰红4号和黄八叉表现较佳；③淀粉类：赤谷2号、赤谷4号和张杂13号表现较佳；④水分：赤谷2号、黄八叉和蒙龙香谷表现较佳；⑤维生素类：赤谷4号、金谷十八和张杂6号表现较佳；⑥矿物质类：东谷5号、黄金谷和中谷9号表现较佳；⑦综合评分：大金苗K3、东谷5号和中谷9号表现较佳。

表2–17 不同品种赤峰小米品质预测评价结果

品种	蛋白质类	脂肪类	淀粉类	水分	维生素类	矿物质类	综合评分
敖谷8000	0.172	0.499	−0.051	−0.014	0.251	0.534	0.188
辰诺金苗	0.109	0.490	−0.454	0.233	0.116	−0.698	0.090
赤谷2号	−0.379	0.270	0.573	0.363	0.337	−0.518	−0.003
赤谷4号	−0.074	0.208	0.866	0.216	0.874	−0.795	0.128
赤谷5号	0.467	0.359	−0.214	0.285	0.294	0.528	0.269
大金苗K1	−0.419	0.253	0.134	0.053	0.049	0.068	−0.074
大金苗K3	1.942	0.485	0.114	0.198	0.255	−0.287	0.800
大金苗K4	0.351	0.557	−0.381	0.207	−0.004	0.297	0.222
大金苗K6	1.485	1.132	−0.282	0.207	−0.351	0.349	0.724
东风香谷	−0.898	−0.795	−0.167	−0.139	−0.208	−0.559	−0.528
东谷	−0.860	0.476	0.331	0.060	0.344	0.412	−0.136
东谷5号	2.981	0.437	0.028	0.233	0.147	1.094	1.192
东谷8号	1.258	0.384	−0.071	0.207	−0.374	0.282	0.511
峰红4号	0.794	0.894	−0.194	0.216	−0.588	0.515	0.437
红谷	1.436	0.541	−0.064	0.110	0.415	0.075	0.635
黄八叉	0.056	0.884	−0.663	0.311	0.291	−0.177	0.165
黄金谷	0.915	0.543	−0.481	0.138	0.462	1.164	0.460
金谷十八	0.036	0.185	−0.582	0.233	0.866	0.310	0.070
金香玉	−0.047	0.143	−0.075	0.146	0.006	0.520	0.034
绿谷	0.104	0.382	0.012	0.216	0.370	0.459	0.165
毛毛谷	−1.874	−0.468	0.118	−0.256	−0.101	−0.608	−0.780

品种	蛋白质类	脂肪类	淀粉类	水分	维生素类	矿物质类	综合评分
蒙古米	0.259	0.616	−0.265	0.294	0.338	0.447	0.243
蒙龙香谷	0.149	0.530	−0.366	0.311	0.655	−0.547	0.160
太空	0.746	0.596	0.006	0.216	0.123	0.035	0.401
意谷	−0.153	0.348	0.242	0.233	0.411	−0.364	0.063
张杂 13 号	−0.290	0.316	0.393	0.086	0.324	−0.185	0.015
张杂 6 号	0.496	0.617	−0.202	0.302	0.862	−1.215	0.300
中谷 9 号	2.438	0.456	−0.133	0.216	−0.074	0.677	0.963
朱砂变	−0.172	0.537	0.218	0.146	0.421	−0.030	0.099

第 3 章

赤峰谷子与赤峰小米营养品质比较

2022 年 10 月至 2023 年 5 月，从赤峰市 12 个县 / 区 / 旗级别产地采集了 24 个品种，共计 70 个谷子样品，109 个小米样品。对谷子样品进行脱皮处理后，比较了谷子和小米常规营养、氨基酸、脂肪酸、矿质元素、维生素含量情况，数据最终结果主要以平均值体现。

3.1 常规营养品质

从水分、脂肪、灰分、蛋白质、可溶性糖、淀粉、直链淀粉、支链淀粉、能量以及粗纤维等方面比较谷子与小米的品质情况，结果如表 3-1 所示。使用了平均值和标准差来衡量这两种谷物在各项指标上的表现。

由表 3-1 可知，谷子与小米在水分含量、蛋白质含量、可溶性糖含量、能量上面的差异较小。这些营养成分在谷物中的比例相对稳定，受加工过程的影响较小。

谷子经过脱皮处理成小米后，平均脂肪含量从 3.70%（谷子）增加至 4.25%（小米）；平均总淀粉含量从 67.78%（谷子）增至 76.77%（小米），直链淀粉、支链淀粉含量增加；平均灰分含量从 2.93%（谷子）降至 1.42%（小米）；平均粗纤维含量从 8.91%（谷子）降至 2.35%（小米）。结果表明，谷子经处理后，在脱皮的过程中，谷子中的部分粗纤维有所损失，导致其含量有所降低。

表 3-1　赤峰谷子和赤峰小米常规营养物质含量　　　　　单位：%

检测项目	谷子		小米	
	平均值	标准差	平均值	标准差
水分	7.37	2.18	7.33	2.09
脂肪	3.70	0.40	4.25	0.39
灰分	2.93	0.35	1.42	0.22
蛋白质	9.01	1.17	9.29	0.98
可溶性糖	0.77	0.23	0.67	0.17
粗纤维	8.91	1.42	2.35	0.62
淀粉	67.78	3.89	76.77	5.59
直链淀粉	12.43	1.29	15.91	2.23
支链淀粉	55.35	1.29	60.86	2.23
能量	17 620.51	433.63	17 676.23	413.08

3.2　氨基酸

对谷子和小米氨基酸成分进行比较，结果如表 3-2 所示。使用了平均值和标准差来衡量谷子和小米在各项指标上的表现。

总氨基酸：谷子的平均含量为 8.52%；小米的平均含量为 10.22%。

必需氨基酸：谷子的平均含量为 3.53%；小米的平均含量为 4.13%。

非必需氨基酸：谷子的平均含量为 4.99%；小米的平均含量为 6.08%。

综合来看，谷子经脱皮后，总氨基酸、必需氨基酸和非必需氨基酸含量有所增加，但必需氨基酸和非必需氨基酸比例差异较小。

表 3-2　氨基酸含量　　　　　单位：%

检测项目	谷子		小米	
	平均值	标准差	平均值	标准差
总氨基酸	8.52		10.22	
必需氨基酸	3.53		4.13	

检测项目	谷子		小米	
	平均值	标准差	平均值	标准差
苏氨酸	0.36	0.04	0.41	0.05
缬氨酸	0.41	0.07	0.52	0.06
蛋氨酸	0.23	0.05	0.29	0.04
异亮氨酸	0.36	0.05	0.43	0.06
亮氨酸	1.07	0.18	1.33	0.22
苯丙氨酸	0.60	0.09	0.63	0.07
赖氨酸	0.21	0.03	0.23	0.02
组氨酸	0.29	0.02	0.30	0.02
非必需氨基酸	4.99		6.08	
胱氨酸	0.09	0.02	0.15	0.03
酪氨酸	0.33	0.07	0.34	0.05
丝氨酸	0.42	0.07	0.51	0.07
谷氨酸	1.90	0.24	2.25	0.30
脯氨酸	0.47	0.19	0.65	0.16
甘氨酸	0.25	0.02	0.29	0.03
丙氨酸	0.66	0.14	0.87	0.17
天冬氨酸	0.67	0.08	0.75	0.09
精氨酸	0.20	0.07	0.28	0.07
EAA/TAA	41.45		40.47	
EAA/NEAA	58.55		59.53	

3.3 脂肪酸

对谷子和小米 37 种脂肪酸成分进行检测，结果如表 3-3 所示。其中，检测到的脂肪酸主要有棕榈酸、硬脂酸、花生酸、油酸、亚油酸、亚麻酸等。使用了平均值和标准差来衡量谷子和小米在各项指标上的表现。

　　由结果可知，谷子与小米的总脂肪酸含量、饱和脂肪酸含量、不饱和脂肪酸含量以及各种脂肪酸的含量存在差异。从总脂肪酸含量来看，谷子的平均值为 3.74%，小米的平均值为 4.19%，小米的总脂肪酸含量略高于谷子；在饱和脂肪酸、单不饱和脂肪酸、多不饱和脂肪酸方面，谷子和小米的饱和脂肪酸含量相差不大，小米的饱和脂肪酸含量略高一些；谷子和小米的单不饱和脂肪酸含量也相差不大，但小米的单不饱和脂肪酸含量略高一些；小米的多不饱和脂肪酸含量明显高于谷子，主要为亚油酸的差异；从 UFA/FA（不饱和脂肪酸 / 总脂肪酸）和 UFA/SFA（不饱和脂肪酸 / 饱和脂肪酸）两个比例来看，谷子和小米的不饱和脂肪酸占总脂肪酸的比例以及不饱和脂肪酸与饱和脂肪酸的比例都相差不大。

　　总的来说，谷子和由谷子脱皮后形成的小米在各类脂肪酸含量上主要差异在于多不饱和脂肪酸亚油酸的含量。

表 3-3　赤峰谷子和赤峰小米主要脂肪酸含量

检测项目	谷子		小米	
	平均值	标准差	平均值	标准差
总脂肪酸 /%	3.74		4.19	
饱和脂肪酸 /%	0.65		0.68	
棕榈酸 /%	0.34	0.06	0.35	0.05
硬脂酸 /%	0.26	0.07	0.27	0.07
花生酸 /%	0.05	0.01	0.06	0.01
单不饱和脂肪酸 /%	0.63		0.67	
油酸 /%	0.63	0.13	0.67	0.13
多不饱和脂肪酸 /%	2.46		2.84	
亚油酸 /%	2.35	0.34	2.72	0.28
亚麻酸 /%	0.11	0.05	0.12	0.05
UFA/FA	0.83		0.84	
UFA/SFA	4.73		5.06	

3.4 矿质元素

本研究对谷子和小米中 11 种矿质元素进行了检测，使用各项指标的平均值和标准差分析了谷子和小米在各项指标上的表现，结果如表 3-4 所示。

由结果可知，小米中各项矿质元素指标显著低于谷子中的矿质元素含量。钾、钠、钙、镁、铜、铁、锰、锌、硒、全磷含量分别降低了 81.00%、85.94%、82.46%、88.78%、89.03%、58.48%、90.35%、80.17%、75.00%、75.00%。综上所述，谷子经脱皮后，大部分矿质元素损失较大。

表 3-4　赤峰谷子和赤峰小米矿质元素含量　　　　单位：mg/kg

检测项目	谷子	小米
钾	3672.02	697.62
钠	155.59	21.87
钙	855.84	150.15
镁	1379.56	154.78
铜	11.39	1.25
铁	141.83	58.89
锰	28.21	2.72
锌	35.31	6.65
硒	0.04	0.01
全磷 /%	0.08	0.02

3.5 维生素

谷子和小米中的维生素 B_1、维生素 B_2、维生素 A 和维生素 E 检测平均值如表 3-5 所示。根据结果可知，谷子经加工处理成小米后，维生素 B_1、维生素 B_2 和维生素 E 含量有所降低，维生素 A 含量有所增加。

表 3–5　赤峰谷子和赤峰小米维生素含量　　　　　　单位：mg/100g

检测项目	谷子	小米
维生素 B_1	0.80	0.67
维生素 B_2	0.18	0.11
维生素 A	6.19	7.88
维生素 E	1.51	1.29

3.6　品质关联分析

如附图 1 所示，赤峰谷子与小米多种营养物质之间的相关性。小米中的水分与谷子中的水分呈正相关；小米中的水分与谷子中的直链淀粉呈负相关；小米中的天冬氨酸、谷氨酸、甘氨酸和总氨基酸与谷子中的蛋氨酸呈正相关；小米中的谷氨酸与谷子中的亮氨酸、总氨基酸和淀粉呈正相关；小米中镁元素与谷子中的镁元素呈正相关；小米中的铜元素与谷子中的铜元素、脂肪酸和顺，顺 –9,12– 十八碳二烯酸显著相关；小米中的蛋白质与谷子中的苯丙氨酸呈正相关。

第4章

不同品种赤峰小米营养品质比较

2022 年 10 月至 2023 年 5 月，从赤峰市 12 个县 / 区 / 旗级产地采集了 24 个品种，109 批次小米样品。对谷子样品进行脱皮处理后，比较了同一品种小米常规营养、氨基酸、脂肪酸、矿质元素、维生素等含量情况，检测了采集数量大于 2 的样本，共计 11 个品种，数据最终结果主要以平均值体现。

4.1 常规营养品质

不同品种赤峰小米常规营养品质如表 4-1 所示。

（1）水分：毛毛谷的水分含量最高（11.0%）最接近一般小米的参考值（11.6%），并且超过了黄小米的参考值（9.7%）。其余的品种含水量都低于参考值。

（2）脂肪：所有的小米品种中，东谷（4.6%）、辰诺金苗（4.5%）和蒙龙香谷（4.5%）的脂肪含量较高，都明显高于一般小米和黄小米的参考值（分别是 3.1% 和 3.0%）。

（3）灰分：所有品种灰分含量相近，分布在 0.9% ～ 1.5%。

（4）蛋白质：金香玉的蛋白质含量最高（11.5%），明显高于一般小米和黄小米的参考值（分别为 9.0% 和 8.9%）。其他品种的蛋白质含量也大多超过了参考值。

（5）能量：东谷的能量含量最高（18 085.7 J/g），而毛毛谷的能量含量最低（16 781.7 J/g）。

（6）粗纤维：毛毛谷粗纤维含量最高（3.4%），所有品种的粗纤维含量都高于一般小米和黄小米的参考值（0.96%）。

（7）淀粉：毛毛谷淀粉含量最高（83.7%），所有品种的淀粉含量均大于一般小米和黄小米的参考值（68.42%）。

（8）可溶性糖：绿谷的可溶性糖含量最高（1.0%），而蒙龙香谷的含量最低（0.5%）。

（9）直链淀粉：所有品种的直链淀粉含量都低于一般小米和黄小米的参考值（20.59%）。

（10）支链淀粉：所有的小米品种支链淀粉含量都超过了一般小米和黄小米的参考值（47.83%）。

总的来看，小米品种在脂肪、蛋白质、粗纤维、淀粉和支链淀粉等营养成分的含量上，大都超过了一般小米和黄小米的参考值。

4.2 氨基酸

不同品种小米中的 17 种氨基酸成分含量如表 4-2 所示。由结果可知，不同品种小米中的氨基酸含量有所不同。

（1）总氨基酸：不同品种小米的总氨基酸含量在 8.6% ~ 12.7%。其中，金香玉品种的总氨基酸含量最高，而毛毛谷含量较低。

（2）必需氨基酸：必需氨基酸是人体无法自行合成，需要通过食物摄入的氨基酸。不同品种小米的必需氨基酸含量在 3.6% ~ 5.0%。金香玉（5.0%）和东谷（4.5%）品种的必需氨基酸含量较高，而毛毛谷含量最低。

（3）非必需氨基酸：非必需氨基酸是人体能够自行合成的氨基酸。不同品种小米的非必需氨基酸含量在 5.1% ~ 7.7% 变化。金香玉的非必需氨基酸含量最高，而毛毛谷最低。

（4）EAA/TAA 比率：EAA（必需氨基酸）占 TAA（总氨基酸）的比率是衡量蛋白质质量的指标之一。不同品种小米中，必需氨基酸占总氨基酸比例在 0.39 ~ 0.41，高于全国小米、全国黄小米值。

（5）EAA/NEAA 比率：EAA（必需氨基酸）占 NEAA（非必需氨基酸）的比率也是评估蛋白质质量的指标之一。不同品种小米中，必需氨基酸占总氨基酸比例在 0.59 ~ 0.61，高于全国小米、全国黄小米值。

必需氨基酸占总氨基酸结果如表 4-3 所示，其中：

（1）苏氨酸：不同品种小米苏氨酸占总氨基酸比例在 3.6%～4.9%，除了毛毛谷、金苗 K1，其他品种小米苏氨酸含量均高于 FAO/WHO 推荐模式的含量（4.00 %）。

（2）缬氨酸：不同品种小米缬氨酸占总氨基酸比例在 4.6%～6.0%，金香玉缬氨酸占总氨基酸含量最高，高于全国小米和黄小米，除了毛毛谷和金苗 K1，其他品种小米均高于 FAO/WHO 推荐模式的含量（5.00 %）。

（3）蛋氨酸＋半胱氨酸（含硫氨基酸）：不同品种小米含硫氨基酸占总氨基酸比例在 4.0%～5.8%，均高于 FAO/WHO 推荐模式的含量（3.50 %）。金香玉高于全国小米参考值。

（4）异亮氨酸：不同品种小米异亮氨酸占总氨基酸比例在 3.7%～5.1%，除了毛毛谷以外，其他品种均高于 FAO/WHO 推荐模式的含量（4.00 %）。金香玉高于全国小米、全国黄小米参考值。

（5）亮氨酸：不同品种小米亮氨酸占总氨基酸比例在 11.3%～17.5%，显著高于 FAO/WHO 推荐模式的含量（7.00 %）。其中蒙龙香谷、绿谷、金香玉、红谷、东谷高于全国小米参考值。

（6）苯丙氨酸＋酪氨酸（芳香族必需氨基酸）：不同品种小米芳香族必需氨基酸占总氨基酸比例在 8.1%～11.7%，均高于 FAO/WHO 推荐模式的含量（6.00 %）。金香玉高于全国黄小米参考值。

（7）赖氨酸：不同品种小米赖氨酸占总氨基酸比例在 1.8%～2.6 %，低于 FAO/WHO 推荐模式的含量（5.50 %）

（8）组氨酸：不同品种小米组氨酸占总氨基酸比例在 2.9%～3.7%，显著高于 FAO/WHO 推荐模式的含量（1.70 %）。

综上所述，小米中的必需氨基酸占总氨基酸在不同品种间存在差异。大多数品种中赖氨酸占总氨基酸比例较低，其他氨基酸均高于推荐模式。金香玉在各类必需氨基酸含量中表现优秀，毛毛谷的各类氨基酸组成相对较低。

氨基酸是人体生命活动的基本单元，对于维持人体健康和生长发育具有重要作用。不同品种小米中的氨基酸含量存在差异，这种差异可能影响到它们的营养价值和口感。

根据 FAO/WHO 模式（Food and Agriculture Organization/World Health Organization），人体对蛋白质的需求包括 9 种必需氨基酸。这些必需氨基酸包括：异亮氨酸、亮氨酸、苏氨酸、含硫氨基酸（蛋氨酸＋半胱氨酸）、苯丙氨酸、组氨酸、赖氨酸、色氨酸和缬氨酸。这 9 种必需氨基酸都是人体无法自行合成的，因此需要从食物中获取。维持足够的必需氨基酸摄入量对于维持身体健康和正常生长发育至关重要。对于分析 FAO/WHO 模式中各项氨基酸指标，使用了两种评分模式，分别为 RAA 值和 RC 值。

RAA（Reference Amino Acid Pattern，参考氨基酸模式）：RAA 是 FAO/WHO 制定的一种参考模式，用于描述成年人所需的各种必需氨基酸的比例。它是根据人体对氨基酸的需求以及氨基酸在蛋白质合成中的作用来确定的。RAA 模式提供了一种标准，用于评估蛋白质含量和品质，以及确定食物的蛋白质价值。

RC 值（Chemical Score，化学评分）：RC 值是用于评估特定蛋白质食物中某种必需氨基酸的含量是否满足人体需求的一个指标。它表示一种蛋白质食物的特定必需氨基酸含量与参考模式 RAA 中相同必需氨基酸所需量的比值。RC 值的范围通常是 0 ~ 1，表示特定必需氨基酸的相对含量。通过食物中每种必需氨基酸的 RC 值，可以判断这种食物中特定必需氨基酸的含量是否满足人体需求。若 RC 值为 1，则表示该必需氨基酸的含量完全满足人体需求；若 RC 值小于 1，则表示该必需氨基酸的含量相对不足。越接近 1 的 RC 值表示食物中该必需氨基酸的含量越充足。氨基酸比值系数分（Score of RC，SRC）越接近 100，表明必需氨基酸在氨基酸生理平衡方面所作的贡献越大，蛋白质相对营养价值越高。

由表 4-4 可知，不同品种小米的氨基酸评分存在显著差异。其中，朱砂变、张杂 13 号、蒙龙香谷、毛毛谷、绿谷、金香玉、金苗 K1、红谷、东谷、辰诺金苗和敖谷 8000 的 SRC 分别为 61.45、60.50、61.91、59.46、63.47、57.97、60.00、60.40、61.16、63.15 和 60.10。根据 FAO/WHO 推荐的模式，赖氨酸是人体最缺乏的必需氨基酸之一，但在本研究中发现不同品种小米的赖氨酸含量较低，这可能限制了它们在提供完整蛋白质方面的能力。然而，必需氨基酸是人体自身不能合成或者合成速度不能满足人体需要，必须从食物中摄取的氨基酸。因此，提高小米中赖氨酸的含量对于提高其营养价值尤为重要。

表 4-1 不同品种赤峰小米常规营养品质

单位：%

品种	水分	脂肪	灰分	蛋白质	能量/(J/g)	粗纤维	淀粉	可溶性糖	直链淀粉	支链淀粉
朱砂变	8.7	3.7	1.2	9.0	17 290.0	1.7	75.2	0.8	15.57	59.63
张杂 13 号	7.3	3.7	1.3	9.2	17 573.1	2.1	80.5	0.6	16.50	64.00
蒙龙香谷	7.6	4.5	1.3	9.8	17 669.0	2.5	80.0	0.5	16.16	63.84
毛毛谷	11.0	2.8	0.9	8.1	16 781.7	3.4	83.7	0.7	16.24	67.46
绿谷	7.6	4.1	1.5	8.8	17 699.5	2.3	77.6	1.0	15.75	61.85
金香玉	7.1	3.9	1.3	11.5	17 768.5	1.9	81.4	0.7	16.44	64.96
金苗 K1	8.8	3.4	1.2	8.7	17 201.3	1.7	79.6	0.6	17.03	62.57
红谷	8.4	4.4	1.2	9.6	17 526.5	1.8	77.4	0.6	16.80	60.60
东谷	6.2	4.6	1.5	9.8	18 085.7	2.3	73.0	0.8	16.94	56.06
辰诺金苗	5.3	4.5	1.4	9.1	17 994.5	2.2	73.8	0.8	16.16	57.64
敖谷 8000	8.4	3.6	1.1	9.2	17 331.5	1.2	82.1	0.9	18.47	63.63
赤峰平均值	7.9	3.93	1.26	9.35	17 538.3	2.10	78.57	0.73	16.55	62.02
小米参考值	11.6	3.1	—	9.0	—	0.96	68.42	—	20.59	47.83
黄小米参考值	9.7	3.0	—	8.9	—	0.96	68.42	—	20.59	47.83

表 4-2　不同品种赤峰小米氨基酸含量

检测指标	朱砂变	张杂13号	蒙龙香谷	毛毛谷	绿谷	金香玉	金苗K1	红谷	东谷	辰诺金苗	敖谷8000	赤峰平均值	全国小米	全国黄小米
总氨基酸/%	9.7	9.9	10.2	8.6	10.4	12.7	9.4	10.2	11.3	9.8	10.0	10.20	8.96	8.45
必需氨基酸/%	3.9	4.0	4.2	3.6	4.2	5.0	3.9	4.1	4.5	4.0	4.1	4.14	3.50	2.69
苏氨酸/%	0.4	0.4	0.4	0.4	0.4	0.5	0.4	0.4	0.5	0.4	0.4	0.42	0.33	0.35
缬氨酸/%	0.5	0.5	0.5	0.5	0.5	0.6	0.5	0.5	0.6	0.5	0.5	0.52	0.48	0.48
蛋氨酸/%	0.3	0.3	0.3	0.2	0.3	0.3	0.3	0.3	0.3	0.3	0.3	0.29	0.29	0.37
异亮氨酸/%	0.4	0.4	0.4	0.4	0.4	0.5	0.4	0.4	0.5	0.4	0.4	0.42	0.39	0.42
亮氨酸/%	1.2	1.3	1.3	1.1	1.4	1.8	1.2	1.3	1.5	1.2	1.3	1.33	1.17	0.13
苯丙氨酸/%	0.6	0.6	0.6	0.5	0.6	0.7	0.6	0.6	0.7	0.6	0.6	0.61	0.49	0.61
赖氨酸/%	0.2	0.2	0.2	0.2	0.3	0.2	0.2	0.2	0.2	0.2	0.2	0.21	0.18	0.14
组氨酸/%	0.3	0.3	0.3	0.3	0.3	0.4	0.3	0.3	0.3	0.3	0.3	0.31	0.17	0.19
非必需氨基酸/%	5.7	5.9	6.1	5.1	6.2	7.7	5.6	6.1	6.8	5.8	5.9	6.08	5.46	5.76
胱氨酸/%	0.2	0.2	0.1	0.2	0.1	0.2	0.2	0.2	0.2	0.1	0.2	0.17	0.22	0.20
酪氨酸/%	0.3	0.3	0.3	0.3	0.4	0.4	0.3	0.3	0.4	0.3	0.3	0.33	0.26	0.33
丝氨酸/%	0.5	0.5	0.5	0.4	0.5	0.6	0.5	0.5	0.6	0.5	0.5	0.51	0.41	0.47
谷氨酸/%	2.2	2.2	2.3	2.0	2.3	2.9	2.1	2.3	2.5	2.1	2.2	2.28	1.87	1.93
脯氨酸/%	0.6	0.6	0.7	0.5	0.7	0.7	0.6	0.6	0.8	0.6	0.6	0.64	0.66	0.78

续表

单位：%

检测指标	朱砂变	张杂13号	蒙龙香谷	毛毛谷	绿谷	金香玉	金苗K1	红谷	东谷	辰诺金苗	敖谷8000	赤峰平均值	全国小米	全国黄小米
甘氨酸/%	0.3	0.3	0.3	0.2	0.3	0.3	0.3	0.3	0.3	0.3	0.3	0.29	0.25	0.25
丙氨酸/%	0.8	0.8	0.9	0.7	0.9	1.1	0.8	0.9	1.0	0.8	0.9	0.87	0.80	0.89
天冬氨酸/%	0.7	0.7	0.8	0.6	0.8	0.9	0.7	0.8	0.8	0.7	0.7	0.75	0.68	0.65
精氨酸/%	0.2	0.2	0.3	0.2	0.3	0.4	0.2	0.3	0.3	0.3	0.2	0.26	0.32	0.26
EAA/TAA	0.40	0.40	0.41	0.42	0.40	0.39	0.41	0.40	0.40	0.41	0.41	0.41	0.32	0.26
EAA/NEAA	0.59	0.60	0.60	0.59	0.60	0.61	0.60	0.60	0.60	0.59	0.59	0.68	0.39	0.32

表4-3 不同品种赤峰小米必需氨基酸成分（占总氨基酸）

单位：%

品种	苏氨酸	缬氨酸	蛋氨酸+半胱氨酸	异亮氨酸	亮氨酸	苯丙氨酸+酪氨酸	赖氨酸	组氨酸
朱砂变	4.0	5.2	4.7	4.1	12.5	8.9	2.1	3.1
张杂13号	4.1	5.1	4.2	4.2	13.0	9.4	2.1	3.0
蒙龙香谷	4.2	5.4	4.2	4.4	13.2	9.5	2.3	3.1
毛毛谷	3.6	4.6	4.1	3.7	11.3	8.1	1.8	3.0
绿谷	4.2	5.4	4.4	4.3	13.5	9.8	2.6	2.9
金香玉	4.9	6.0	5.8	5.1	17.5	11.7	2.4	3.7
金苗K1	3.8	4.9	4.5	4.0	12.2	8.8	2.0	3.1
红谷	4.1	5.1	4.6	4.3	13.3	9.6	2.2	3.2

续表

品种	苏氨酸	缬氨酸	蛋氨酸＋半胱氨酸	异亮氨酸	亮氨酸	苯丙氨酸＋酪氨酸	赖氨酸	组氨酸
东谷	4.5	5.6	5.0	4.8	15.0	10.1	2.2	3.0
辰诺金苗	4.0	5.2	4.0	4.2	12.4	9.1	2.4	2.9
敖谷 8000	4.1	5.3	5.0	4.3	13.0	9.0	2.1	3.3
全国小米	3.7	5.4	5.7	4.4	13.0	8.4	2.0	1.9
全国黄小米	4.4	5.7	6.8	5.0	15.0	11.1	1.7	2.3
FAO/WHO 推荐模式	4.00	5.00	3.50	4.00	7.00	6.00	5.50	1.70

注：参考值来自于《中国食物成分表标准版（第六版）》，2019 年，北京大学出版社。选定的参考项目为小米（全国）和黄小米（全国）。

表 4-4 不同品种赤峰小米必需氨基酸成分 FAO/WHO 模式 SRC 评分

品种	评分	苏氨酸	缬氨酸	蛋氨酸＋半胱氨酸	异亮氨酸	亮氨酸	苯丙氨酸＋酪氨酸	赖氨酸	组氨酸	SRC
朱砂变	RAA	1.03	1.08	1.39	1.05	1.84	1.54	0.39	1.86	61.45
	RC	0.81	0.84	1.09	0.83	1.45	1.21	0.31	1.47	
张杂 13 号	RAA	1.03	1.04	1.22	1.06	1.88	1.59	0.38	1.81	60.50
	RC	0.82	0.83	0.97	0.85	1.50	1.27	0.31	1.45	
蒙龙香谷	RAA	1.03	1.05	1.17	1.08	1.84	1.54	0.41	1.78	61.91
	RC	0.83	0.85	0.95	0.87	1.49	1.24	0.33	1.44	
毛毛谷	RAA	1.04	1.07	1.34	1.07	1.88	1.57	0.39	2.02	59.46
	RC	0.80	0.82	1.04	0.83	1.45	1.21	0.30	1.56	

续表

品种	评分	苏氨酸	缬氨酸	蛋氨酸+半胱氨酸	异亮氨酸	亮氨酸	苯丙氨酸+酪氨酸	赖氨酸	组氨酸	SRC
绿谷	RAA	1.01	1.04	1.21	1.03	1.86	1.57	0.45	1.61	
	RC	0.83	0.85	0.99	0.85	1.52	1.29	0.36	1.32	63.47
金香玉	RAA	0.96	0.95	1.31	1.00	1.97	1.54	0.35	1.70	
	RC	0.79	0.78	1.07	0.82	1.61	1.26	0.28	1.39	57.97
金苗K1	RAA	1.02	1.04	1.37	1.06	1.85	1.57	0.38	1.94	
	RC	0.80	0.81	1.07	0.83	1.45	1.23	0.30	1.51	60.00
红谷	RAA	1.00	1.00	1.28	1.05	1.86	1.56	0.39	1.83	
	RC	0.80	0.80	1.03	0.84	1.49	1.25	0.31	1.47	60.40
东谷	RAA	0.99	0.99	1.25	1.05	1.89	1.48	0.36	1.57	
	RC	0.83	0.82	1.04	0.88	1.58	1.24	0.30	1.31	61.16
辰诺金苗	RAA	1.01	1.07	1.16	1.06	1.81	1.55	0.44	1.75	
	RC	0.82	0.87	0.94	0.86	1.47	1.26	0.36	1.42	63.15
敖谷8000	RAA	1.03	1.05	1.42	1.07	1.86	1.51	0.37	1.95	
	RC	0.80	0.82	1.11	0.83	1.45	1.17	0.29	1.52	60.10
全国小米		0.77	0.91	1.38	0.93	1.58	1.19	0.30	0.94	60.92
全国黄小米		0.92	1.01	1.71	1.10	0.19	1.64	0.27	1.17	44.69

4.3 脂肪酸

通过对小米中 37 种脂肪酸进行检测，得到不同品种小米脂肪酸平均值如表 4-5 所示，检出的主要脂肪酸为棕榈酸、硬脂酸、油酸、亚油酸、亚麻酸等。根据结果可知，小米脂肪酸含量品种间有所差异。

（1）总脂肪酸：各品种小米的总脂肪酸平均含量在 2.94% ～ 4.51%，其中辰诺金苗、绿谷、红谷含量较高，而毛毛谷含量较低，所有品种均高于全国黄小米、全国小米参考值。

（2）饱和脂肪酸：各品种小米中的饱和脂肪酸含量在 0.41% ～ 0.90%，均低于全国黄小米参考值。辰诺金苗含量最高，毛毛谷含量最低，低于全国黄小米参考值。

（3）单不饱和脂肪酸：单不饱和脂肪酸是一种较为健康的脂肪。各品种小米中的单不饱和脂肪酸含量在 0.48% ～ 0.80%，均高于全国小米参考值，其中敖谷 8000 含量最高，含量等于全国黄小米参考值，毛毛谷含量最低。

（4）多不饱和脂肪酸：多不饱和脂肪酸也是一种较为健康的脂肪。各品种小米中的多不饱和脂肪酸含量 2.05% ～ 3.10%，其中毛毛谷含量最低，绿谷含量最高。

（5）UFA/FA 比值：各品种小米中的 UFA/FA 比值在 0.80 ～ 0.86，接近 1，表示总体上脂肪酸主要为不饱和脂肪酸。各品种小米的 UFA/FA 比值都接近于 1，差异较小。

（6）UFA/SFA 比值：这个比值表示不饱和脂肪酸与饱和脂肪酸的比例。各品种小米中的 UFA/SFA 比值在 3.88 ～ 6.15，较高的值表示不饱和脂肪酸相对含量较高。张杂 13 号和敖谷 8000 的 UFA/SFA 比值较高，而金香玉的比值较低，但除张杂 13 号外，各品种均低于全国黄小米参考值。

如表 4-6 所示，不同品种小米的饱和脂肪酸占总脂肪酸比例在 13.64% ～ 19.96%，其中辰诺金苗饱和脂肪酸占比最高、红谷饱和脂肪酸占比最低，均低于全国参考值。其中，棕榈酸含量在 7.42% ～ 9.98%，敖谷 8000 最低、辰诺金苗最高，但均低于全国参考值；硬脂酸含量在 4.32% ～ 8.43%，其中红谷最低、陈诺金苗最高，所有品种小米显著高于全国黄小米参考值，毛毛谷、红谷低于全国小米参考值。花生酸含量在 1.02% ～ 1.83%，东谷含量最高、毛毛谷含量最低，但均高于全国参考值。

单不饱和脂肪酸占总脂肪酸比例在 14.42% ～ 18.56%，主要为油酸，均低于全国黄小米参考值，敖谷 8000 含量最高、其次分别为辰诺金苗、蒙龙香谷，均高于全国小米参考值，东谷含量最低。多不饱和脂肪酸占总脂肪酸比例 62.75% ～ 70.00%，均高于全国参考值，其中红谷占比最高，辰诺金苗占比最低。多不饱和脂肪酸主要以亚油酸含量为主，含有少量亚麻酸。亚油酸占总脂肪酸在 60.09% ～ 67.50%，其中红谷占比最高，辰诺金苗占比最低，均显著高于全国参考值。亚麻酸占总脂肪酸比例在 2.50% ～ 3.02%，其中敖谷8000 的含量相对较高。

表 4-5 不同品种赤峰小米主要脂肪酸成分（含量大于 0.01%）

品种	总脂肪酸/%	饱和脂肪酸/%	棕榈酸/%	硬脂酸/%	花生酸/%	单不饱和脂肪酸/%	油酸/%	多不饱和脂肪酸/%	亚油酸/%	亚麻酸/%	UFA/FA	UFA/SFA
朱砂变	3.82	0.63	0.30	0.27	0.06	0.59	0.59	2.60	2.49	0.11	0.84	5.13
张杂 13 号	3.84	0.63	0.32	0.25	0.06	0.61	0.61	2.60	2.49	0.11	0.86	6.15
蒙龙香谷	4.39	0.79	0.38	0.34	0.07	0.75	0.75	2.85	2.73	0.12	0.82	4.31
毛毛谷	2.94	0.41	0.24	0.14	0.03	0.48	0.48	2.05	1.97	0.08	0.83	4.87
绿谷	4.48	0.71	0.34	0.30	0.07	0.67	0.67	3.10	2.97	0.13	0.82	4.41
金香玉	4.29	0.71	0.38	0.27	0.06	0.71	0.71	2.87	2.75	0.12	0.80	3.88
金苗 K1	3.74	0.64	0.31	0.27	0.06	0.57	0.57	2.53	2.42	0.11	0.84	5.15
红谷	4.40	0.60	0.36	0.19	0.05	0.72	0.72	3.08	2.97	0.11	0.84	4.89
东谷	4.37	0.80	0.37	0.35	0.08	0.63	0.63	2.94	2.82	0.12	0.84	4.92
辰诺金苗	4.51	0.90	0.45	0.38	0.07	0.78	0.78	2.83	2.71	0.12	0.83	4.67
敖谷 8000	4.31	0.68	0.32	0.29	0.07	0.80	0.80	2.83	2.70	0.13	0.86	5.98
全国小米	1.80	0.60	0.55	0.09	0.00	0.30	0.25	0.90	0.52	0.38	0.84	5.13
全国黄小米	2.50	1.20	1.12	0.09	0.00	0.80	0.76	0.50	0.44	0.00	0.86	6.15

单位：%

表4-6 不同品种赤峰小米主要脂肪酸占总脂肪酸比例

品种	饱和脂肪酸	棕榈酸	硬脂酸	花生酸	单不饱和脂肪酸	油酸	多不饱和脂肪酸	亚油酸	亚麻酸
朱砂变	16.49	7.85	7.07	1.57	15.45	15.45	68.06	65.18	2.88
张杂13号	16.41	8.33	6.51	1.56	15.89	15.89	67.71	64.84	2.86
蒙龙香谷	18.00	8.66	7.74	1.59	17.08	17.08	64.92	62.19	2.73
毛毛谷	13.95	8.16	4.76	1.02	16.33	16.33	69.73	67.01	2.72
绿谷	15.85	7.59	6.70	1.56	14.96	14.96	69.20	66.29	2.90
金香玉	16.55	8.86	6.29	1.40	16.55	16.55	66.90	64.10	2.80
金苗K1	17.11	8.29	7.22	1.60	15.24	15.24	67.65	64.71	2.94
红谷	13.64	8.18	4.32	1.14	16.36	16.36	70.00	67.50	2.50
东谷	18.31	8.47	8.01	1.83	14.42	14.42	67.28	64.53	2.75
辰诺金苗	19.96	9.98	8.43	1.55	17.29	17.29	62.75	60.09	2.66
敖谷8000	15.78	7.42	6.73	1.62	18.56	18.56	65.66	62.65	3.02
全国小米	33.33	30.50	5.11	0.00	16.67	13.72	50.00	28.72	21.11
全国黄小米	48.00	44.60	3.52	0.00	32.00	30.52	20.00	17.72	0.00

4.4 矿质元素

钾、钠、钙、镁、铜、铁、锰、锌、硒是小米中的重要矿质元素。不同品质小米矿质元素含量如表 4-7 所示。根据表 4-7 可知：

（1）钾：不同品种小米中，钾含量在 195.117（毛毛谷）～ 280.185 mg/kg（辰诺金苗）。所有品种的含量都低于全国小米（284 mg/kg）和全国黄小米（335 mg/kg）的平均值。

（2）钠：不同品种小米中，钠含量在 7.632（敖谷 8000）～ 69.464 mg/kg（辰诺金苗）变化。各品种间差异较大，其中辰诺金苗和蒙龙香谷的钠含量较高，而敖谷 8000、东谷、金香玉、绿谷的钠含量较低。即使最低的品种纳含量仍然远高于全国小米（4.3 mg/kg）和全国黄小米（0.6 mg/kg）的平均值。

（3）钙：不同品种小米中，钙含量在 40.302（辰诺金苗）～ 78.012 mg/kg（朱砂变）变化。含量最高的是朱砂变，其次是绿谷，而辰诺金苗和红谷的钙含量较低。其余所有品种的含量都高于全国小米（41 mg/kg）和全国黄小米（8 mg/kg）的平均值。

（4）镁：各品种小米中，镁含量从 100.547（毛毛谷）～ 144.525 mg/kg（辰诺金苗）变化。其中，辰诺金苗的镁含量最高，其次是红谷，毛毛谷的镁含量最低。除毛毛谷外，所有品种的含量都高于全国小米（107 mg/kg）和全国黄小米（50 mg/kg）的平均值。

（5）铜：铜含量在各品种小米中从 0.369（敖谷 8000）～ 0.774 mg/kg（红谷）变化。含量最高的是红谷，其次是蒙龙香谷、金香玉和辰诺金苗，而含量最低的是敖谷 8000。除敖谷 8000 外，所有品种的含量都高于全国小米（0.54 mg/kg）和全国黄小米（0.41 mg/kg）的平均值。

（6）铁：铁含量从 5.324（辰诺金苗）～ 13.874 mg/kg（朱砂变）变化。铁含量最高的是朱砂变，其次是绿谷，辰诺金苗的铁含量较低。所有品种的含量都高于全国小米（5.1 mg/kg）和全国黄小米（1.6 mg/kg）的平均值。

（7）锰：各品种小米之间的锰含量变化较小，从 1.389（敖谷 8000）～ 2.028 mg/kg（蒙龙香谷）。蒙龙香谷和绿谷的锰含量较高，而敖谷 8000 的锰含量最低。所有品种的含量都高于全国小米（0.89 mg/kg）和全国黄小米（0.38 mg/kg）的平均值。

（8）锌：各品种小米中，锌含量在2.261（敖谷8000）～ 3.764 mg/kg（东谷）变化。其中，东谷的锌含量最高，敖谷8000的锌含量最低。所有品种的含量都高于全国小米（1.87 mg/kg）。

（9）硒：硒含量在各品种小米中变化较小，基本在0.005 ～ 0.006 mg/kg。虽然硒的含量变化较小，但是所有品种的硒含量都高于全国黄小米（0.002 72 mg/kg），与全国小米（0.004 74 mg/kg）的平均值接近。

小米中的这些重要矿质元素，包括钾、钠、钙、镁、铜、铁、锰、锌和硒，其含量因品种而异，但总体上，辰诺金苗钾和镁含量最高，朱砂变钙和铁含量最高，东谷的锌含量最高。

单位：mg/kg

表 4-7 不同品种赤峰小米微量元素含量

品种	钾	钠	钙	镁	铜	铁	锰	锌	硒
朱砂变	237.470	12.616	78.012	131.909	0.572	13.874	1.875	2.804	0.005
张杂 13 号	249.056	50.283	44.211	131.396	0.670	6.721	1.820	2.542	0.005
蒙龙香谷	259.173	69.139	44.896	125.308	0.763	5.791	2.028	3.423	0.005
毛毛谷	195.117	27.118	47.488	100.547	0.545	8.066	1.543	2.446	0.006
绿谷	247.737	8.082	53.032	131.758	0.716	9.942	2.005	3.208	0.005
金香玉	230.677	8.907	48.073	124.483	0.736	8.513	1.570	3.302	0.005
金苗 K1	218.645	29.775	46.557	113.051	0.547	8.044	1.541	2.612	0.005
红谷	275.840	40.858	40.513	138.018	0.774	7.491	1.775	3.116	0.006
东谷	234.906	8.927	45.968	135.373	0.676	9.528	1.835	3.764	0.005
辰诺金苗	280.185	69.464	40.302	144.525	0.736	5.324	1.956	3.042	0.005
散谷 8000	208.255	7.632	49.884	119.735	0.369	6.470	1.389	2.261	0.005
全国小米	284	4.3	41	107	0.54	5.1	0.89	1.87	0.004 74
全国黄小米	335	0.6	8	50	0.41	1.6	0.38	2.81	0.002 72

4.5 维生素

不同品种小米中维生素 B_1、维生素 B_2、维生素 A 和维生素 E 的含量情况如表 4-8 所示。

（1）维生素 B_1：在各品种小米中，维生素 B_1 含量最低的是毛毛谷（0.49 mg/100g），最高的是金香玉（0.71 mg/100g）。所有品种的含量都明显高于全国小米（0.33 mg/100g）和全国黄小米（0.32 mg/100g）的平均含量。

（2）维生素 B_2：维生素 B_2 的含量在各品种小米中从 0.06（敖谷8000）～ 0.12 mg/100g（张杂 13 号、绿谷、东谷、辰诺金苗）变化。

（3）维生素 A：维生素 A 含量在各品种小米中从 6.50（敖谷 8000）～8.93 µg/100 g（朱砂变）变化。

（4）维生素 E：维生素 E 含量在各品种小米中从 1.09（辰诺金苗）～1.37 mg/100g（蒙龙香谷，红谷）变化。所有品种的含量都低于全国小米（3.63 mg/100g）的平均含量和全国黄小米（1.62 mg/100g）。

表 4-8 不同品种赤峰小米维生素含量

品种	维生素 B_1/ （mg/100g）	维生素 B_2/ （mg/100g）	维生素 A/ （µg/100g）	维生素 E/ （mg/100g）
朱砂变	0.67	0.08	8.93	1.19
张杂 13 号	0.64	0.12	7.66	1.33
蒙龙香谷	0.67	0.10	7.10	1.37
毛毛谷	0.49	0.09	6.80	1.24
绿谷	0.69	0.12	8.00	1.30
金香玉	0.71	0.07	7.63	1.27
金苗 K1	0.56	0.09	7.52	1.26
红谷	0.67	0.10	8.42	1.37
东谷	0.69	0.12	6.73	1.16
辰诺金苗	0.69	0.12	8.71	1.09
敖谷 8000	0.62	0.06	6.50	1.25

续表

品种	维生素 B$_1$/（mg/100g）	维生素 B$_2$/（mg/100g）	维生素 A/（μg/100g）	维生素 E/（mg/100g）
全国小米	0.33	0.1	—	3.63
全国黄小米	0.32	0.06	—	1.62

4.6　不同品种赤峰小米聚类分析

依据小米的主要 29 个营养品质指标的测定数据为聚类依据，以不同品种为聚类对象，聚类结果如附图 2 所示。由附图 2 可知，朱砂变、绿谷、红谷、金香玉、敖谷 8000、辰诺金苗与其他品种赤峰小米有明显区分界线，说明上述品种小米品质具有更明显的差异，小米品质与其品种因素有密切关联。

第5章

不同品种赤峰小米食用加工品质比较

不同品种的小米在食用加工品质上存在着一定的差异。这些差异不仅体现在小米的色泽、香气、口感等感官特性上，还直接关系到小米的加工性能、营养价值以及最终产品的市场竞争力。因此，对不同品种赤峰小米的食用加工品质进行比较研究，对于优化小米种植结构、提升小米加工品质、推动小米产业高质量发展具有重要意义。本章通过系统的实验设计和科学的分析方法，对不同品种赤峰小米的食用加工品质进行了全面比较。

5.1 食用加工品质

本章选择了营养品质检测结果较优、市场流通较多的朱砂变、张杂13号、毛毛谷、金香玉、红谷、敖谷8000、金苗K1 7种主要小米品种，蒸熟后检测了其食用品质、加工品质等。测定方法：先将各品种小米等量（每份60 g）放入瓷质容器中，加入等量蒸馏水（150 mL），放入蒸箱蒸煮30 min，取出放至室温后，用质构仪进行测定。根据表5-1可知，①吸水率：吸水率是粮食品种在烹饪过程中吸收水分的能力，赤峰小米平均吸水率为5.208%，敖谷8000吸水率最高（5.434%），较高的吸水率意味着在烹饪过程中，可以得到更好的膨胀，口感相对软糯。②膨胀率：膨胀率衡量小米在烹饪过程中的体积膨胀情况，主要影响口感和质地。赤峰小米平均膨胀率为4.570%，敖谷8000膨胀率（4.900%），意味着在烹饪后可以产生更松软的质地。

表 5-1　不同品种赤峰小米加工品质　　　　　　　　　单位：%

品种	吸水率	膨胀率
朱砂变	5.364	4.613
张杂 13 号	5.178	4.583
毛毛谷	5.154	4.391
金香玉	5.188	4.167
红谷	4.866	4.583
敖谷 8000	5.434	4.900
金苗 K1	5.275	4.755
赤峰小米平均值	5.208	4.570

不同品种的赤峰小米食用品质检测结果如表 5-2 所示，其中，①硬度：硬度指标代表食品的结构强度。赤峰小米平均硬度为 4.056 N，红谷（5.140 N）硬度最高，金香玉硬度最低（2.971 N）。②黏性：黏性指的是食品黏附力的大小。负值的绝对值越高，说明黏性越高。赤峰小米平均黏性为（-0.640 gf*s），金苗 K1 黏性最高（-0.851 gf*s）、张杂 13 号黏性最低（-0.500 gf*s）。③咀嚼性：敖谷 8000 最高（1.524 N）、金香玉最低（0.698 N）。④胶着性：胶着性是测量食品之间黏附力的指标。敖谷 8000 最高（2.695 N）、金香玉胶着性最低（1.498 N）。⑤弹性：代表食品在被压缩后恢复原状的能力。赤峰小米平均弹性为 0.505，毛毛谷弹性最高（0.562），金香玉弹性最低（0.438）。⑥黏聚性：赤峰小米黏聚性平均值为 0.509，敖谷 8000 黏聚性最高（0.559），可能意味着该品种的小米烹饪后可以保持较好的结构完整性，张杂 13 号黏聚性最低（0.455）。赤峰小米黏聚性平均值为 0.509。⑦回复性：敖谷 8000 回复性最高（0.117），金香玉回复性最低（0.096）。

根据结果可以得出，敖谷 8000 在这些食用品质指标中表现优秀，在食用品质方面有一些重要的产品优势。然而，用户的具体喜好可能会根据个人口感和食用需求的不同而变化，因此建议根据实际需求来选择最合适的小米品种。

表 5-2　不同品种赤峰小米食用品质

品种	硬度 /N	黏性 /（gf*s）	咀嚼性 /N	胶着性 /N	弹性	黏聚性	回复性
朱砂变	3.517	-0.745	0.862	1.726	0.470	0.476	0.100
张杂 13 号	3.748	-0.500	0.801	1.703	0.470	0.455	0.100

续表

品种	硬度 /N	黏性 / (gf*s)	咀嚼性 /N	胶着性 /N	弹性	黏聚性	回复性
毛毛谷	4.324	−0.655	1.404	2.427	0.562	0.549	0.111
金香玉	2.971	−0.542	0.698	1.498	0.438	0.491	0.096
红谷	5.140	−0.610	1.441	2.664	0.537	0.519	0.114
敖谷 8000	4.744	−0.580	1.524	2.695	0.552	0.559	0.117
金苗 K1	3.947	−0.851	1.052	2.044	0.504	0.514	0.105
赤峰小米平均值	4.056	−0.640	1.112	2.108	0.505	0.509	0.106

5.2　色泽

不同品种小米色泽表现如表 5–3 所示。L*、a*、b* 是一个在色彩科学中常用的颜色表示法，被称为 Lab 色彩空间。在这个颜色空间中：L* 表示亮度层次，从 0（黑）到 100（白）；a* 表示从绿色（负值）到红色（正值）的色彩变化；b* 表示从蓝色（负值）到黄色（正值）的色彩变化。

L*（亮度）：L* 值最低的是朱砂变（54.050），比其他品种更深。L* 值最高的是张杂 13 号（64.400），表示张杂 13 号小米颜色更白亮，赤峰小米 L* 平均值为 62.466。

a*（红绿色差）：在给出的数据中，a* 值最高的是红谷（9.500），说明在红色方向上的亮度最高，相较其他品种更接近红色。而 a* 值最低的是朱砂变（1.000），表示其在靠近绿色方向上。

b*（蓝黄色差）：b* 值最高的是红谷（34.800），黄色亮度最高，更接近黄色。而 b* 值最低的是朱砂变（8.550），表示相较于其他品种朱砂变更接近蓝色。

总而言之，朱砂变品种颜色相比其他品种更深，倾向于绿色和蓝色方向；红谷品种颜色更亮，且偏向于红色和黄色方向。这些颜色的差异可能是由于种子表面的物理和化学性质的不同，如种皮厚度和颜色，以及种子中的色素类型和含量的不同等原因造成的。

表 5-3　不同品种赤峰小米色泽

品种	L*	a*	b*
朱砂变	54.050	1.000	8.550
张杂 13 号	64.400	8.800	30.900
毛毛谷	63.500	7.350	29.200
金香玉	63.833	3.733	19.033
红谷	64.000	9.500	34.800
敖谷 8000	63.600	9.150	33.800
金苗 K1	63.878	7.861	30.703
赤峰小米平均值	62.466	6.771	26.712

5.3　风味

　　赤峰小米检出风味物质数量 36 个，主要特征风味物质为醇类、醛类和酯类物质，相对含量分别为 48.600%、14.100% 和 22.600%，此类物质为小米贡献果香味、青草香味等气味。结果如表 5-4 所示。

表 5-4　赤峰小米挥发性物质种类及其相对含量　　　　　　单位：%

化合物	相对含量
醇类物质	**48.600**
十四醇	0.420
十五醇	2.366
十六醇	1.791
十七醇	0.533
十九醇	10.075
（Z）-9- 十八碳烯 -1- 醇	1.462
正十五醇	22.013
E-2- 十四烯 -1- 醇	1.729

化合物	相对含量
1- 十五醇	2.772
1- 十四醇	1.464
1- 十六醇	1.369
1- 癸醇	1.589
1,14- 十四烷二醇	1.024
醛类物质	**14.100**
16- 十七烯醛	1.204
16- 十八烯醛	2.419
（E）-2- 壬烯醛	1.218
顺式 -9- 十六碳烯醛	4.362
十一醛	0.603
十五醛	2.132
十三醛	0.654
癸醛	1.493
酯类物质	**22.600**
邻苯二甲酸甲基壬酯	1.382
邻苯二甲酸癸基异丁酯	1.890
邻苯二甲酸丁基 4- 硝基苯酯	2.500
邻苯二甲酸庚 -4- 基酯	2.179
琥珀酸异己基四氢糠酯	1.902
富马酸二四氢呋喃酯	0.662
二十烷酸甲酯	0.998
E-11（13- 甲基）十四碳烯 -1- 醇乙酸酯	1.170
1- 咪唑 -5- 乙酸丁酯	3.962
4- 咪唑乙酸丁酯	3.477
2- 乙基丁酸 2- 硝基苯酯	2.534

续表

化合物	相对含量
其他物质	**4.940**
二十烷酸	1.396
2- 戊基呋喃	1.860
2- 叔丁硫基 -3- 甲基吡啶	0.742
2,2' - 联吡咯烷	0.941

第 6 章

赤峰小米与其他产地小米营养品质比较

本研究采集了赤峰市 12 个县城、区的小米样品，以及山西、河北、黑龙江、延安的小米样品，对其常规营养品质、氨基酸、脂肪酸、矿质元素、维生素等品质指标进行了检测，并对结果进行了分析（样品采集时间为 2022 年 10 月至 2023 年 5 月）。

6.1　常规营养品质

不同产地小米常规营养品质指标如表 6-1 所示。

（1）水分：不同产地小米水分含量范围在 5.12%（克什克腾旗）～ 11.18%（张家口小米），均低于全国小米参考值，意味着赤峰小米相对较为干燥，有利于保存和食用。

（2）脂肪：不同产地小米脂肪含量范围在 2.03%（哈尔滨）～ 4.48%（翁牛特旗），除阿鲁科尔沁旗以外，赤峰其他地区小米脂肪含量均高于全国黄小米和全国小米参考值，意味着赤峰小米在营养、口感和风味上具有一定的优势。

（3）蛋白质：不同产地小米蛋白质范围在 7.67%（阿鲁科尔沁旗）～ 10.28%（山西），赤峰小米蛋白质含量相对较高。蛋白质是人体所需的重要营养物质。

（4）灰分：不同产地小米灰分范围在 0.63%（哈尔滨）～ 1.51%（红山区），灰分含量可以用于评估小米中的矿物质含量。

（5）淀粉：不同产地小米淀粉含量范围在 74.18%（翁牛特旗）～ 83.73%（哈尔滨），淀粉是主要的碳水化合物来源。

（6）粗纤维：不同产地小米粗纤维含量范围在 1.12%（哈尔滨）～ 2.55%（巴林左旗），赤峰小米粗纤维含量均高于全国参考值，粗纤维有助于促进消化和维持肠道健康。

（7）直链淀粉：不同产地小米直链淀粉含量范围从 15.46%（张家口）～ 19.40%（哈尔滨），赤峰不同产地直链淀粉含量显著低于全国参考值，其中，巴林右旗小米、巴林左旗小米、翁牛特旗小米直链淀粉含量在 15.64% ～ 15.96%，喀喇沁旗小米、敖汉小米、林西县小米、克什克腾旗小米、元宝山区小米直链淀粉含量在 16.56% ～ 16.92%，宁城县、松山区、红山区、阿鲁科尔沁旗小米直链淀粉含量在 17.17% ～ 17.93%。

（8）支链淀粉：不同产地小米支链淀粉含量范围在 58.22%（翁牛特旗）～ 65.04%（巴林右旗），较高的支链淀粉含量使得赤峰小米具有更好的口感和弹性。

（9）能量：不同产地小米能量范围从 16 542.67（哈尔滨）～ 17 999.50 J/g（克什克腾旗），赤峰小米的能量高于张家口小米、哈尔滨小米和延安小米。

（10）可溶性糖：范围从 0.40%（哈尔滨）～ 0.74%（松山区），产地间差异较小。

综上所述，赤峰小米具有较高的营养价值和良好的加工品质。不同产区的小米在营养成分和加工品质方面存在一定的差异，这为消费者提供了更多选择。

单位：%

表 6-1　赤峰小米与其他产地常规营养品质和加工品质

产地		水分	脂肪	蛋白质	灰分	淀粉	粗纤维	直链淀粉	支链淀粉	能量 /（J/g）	可溶性糖
赤峰市	喀喇沁旗	10.13	3.94	9.11	1.20	76.67	2.18	16.56	60.11	17 079.73	0.71
	元宝山区	8.59	3.53	9.38	1.02	77.75	1.77	16.17	61.58	17 325.40	0.56
	松山区	7.77	3.75	9.56	1.43	79.65	1.81	17.28	62.37	17 505.83	0.74
	敖汉旗	6.97	4.06	9.59	1.44	75.98	1.94	16.83	59.15	17 798.09	0.68
	红山区	9.97	4.04	8.33	1.51	81.75	2.37	17.58	64.17	17 189.00	0.58
	宁城县	10.16	3.54	9.70	1.28	79.51	1.64	17.17	62.34	17 104.60	0.71
	翁牛特旗	5.92	4.48	8.89	1.29	74.18	2.16	15.96	58.22	17 857.67	0.73
	巴林左旗	9.96	4.03	8.14	1.28	78.64	2.55	15.93	62.71	17 149.75	0.56
	巴林右旗	7.61	3.54	8.82	1.30	80.68	1.97	15.64	65.04	17 443.67	0.60
	克什克腾旗	5.12	4.09	9.30	1.38	81.05	2.30	16.92	64.13	17 999.50	0.59
	林西县	7.36	4.14	9.81	1.23	76.68	1.89	16.84	59.84	17 642.90	0.69
	阿鲁科尔沁旗	9.84	2.44	7.67	0.76	82.79	1.62	17.93	64.86	16 840.93	0.46
其他地区	山西	10.90	3.07	10.28	1.04	79.90	1.39	17.50	62.40	16 914.33	0.63
	哈尔滨	11.02	2.03	8.74	0.63	83.73	1.12	19.40	64.33	16 542.67	0.40
	延安	11.10	2.95	9.77	1.05	78.73	2.14	16.62	62.11	16 798.33	0.47
	张家口	11.18	2.07	9.38	0.82	77.20	1.86	15.46	61.74	16 784.67	0.59
全国小米参考值		11.60	3.10	9.00	—	68.42	0.96	20.59	47.83	—	—
全国黄小米参考值		9.70	3.00	8.90	—	68.42	0.96	20.59	47.83	—	—

6.2 氨基酸

不同产地的小米在总氨基酸、必需氨基酸和非必需氨基酸含量方面存在差异。检测结果如表 6-2 所示。

（1）总氨基酸：敖汉旗、山西、林西县、松山区、宁城县、延安、元宝山、翁牛特旗、克什克腾旗、张家口、哈尔滨、巴林右旗、喀喇沁旗小米总氨基酸含量均高于全国参考值（8.95%）。其中敖汉旗的小米总氨基酸含量最高，达到 11.12%，其次为山西、林西县、松山区、宁城县、延安、元宝山、翁牛特旗、克什克腾旗总氨基酸含量高于张家口和哈尔滨。

（2）必需氨基酸：除红山区、巴林左旗小米以外，其他产地的小米必需氨基酸含量均高于全国参考值（3.49%），山西小米必需氨基酸含量最高（4.45%），敖汉旗小米、林西县小米、松山区小米、宁城县小米、延安小米必需氨基酸含量仅次于山西小米。

（3）非必需氨基酸：不同产地的小米非必需氨基酸含量也存在差异。其中，敖汉旗含量最高，其次分别为山西、林西县、松山区、宁城县、元宝山、延安、翁牛特旗、张家口、克什克腾旗小米。

（4）EAA/TAA 和 EAA/NEAA：这两个指标反映了必需氨基酸（EAA）占总氨基酸（TAA）和非必需氨基酸（NEAA）的比例。不同产地的小米 EAA/TAA 和 EAA/NEAA 存在差异，但整体水平较为接近，说明不同产地的小米在氨基酸组成上具有相似性。

必需氨基酸占总氨基酸结果如表 6-3 所示，其中：

（5）苏氨酸：不同产地小米苏氨酸占总氨基酸比例在 3.84% ～ 4.35%，均高于全国小米参考值；除了宁城县小米略低于推荐模式以外，其他产地小米苏氨酸含量均高于 FAO/WHO 推荐模式的含量（4.00 %），红山区、巴林左旗、克什克腾旗小米苏氨酸占比高于全国黄小米。赤峰小米苏氨酸占比显著高于区外小米。

（6）缬氨酸：不同产地小米缬氨酸占总氨基酸比例在 5.04% ～ 5.75%，赤峰各产地小米缬氨酸占比略低于区外小米、全国黄小米、全国小米。赤峰不同产地小米中，克什克腾旗小米和巴林右旗缬氨酸占比最高，敖汉旗占比最低。各产地小米缬氨酸占比均高于 FAO/WHO 推荐模式的含量（5.00 %）。

（7）蛋氨酸＋半胱氨酸（含硫氨基酸）：不同产地小米含硫氨基酸占总

氨基酸比例在 3.94% ～ 5.56%，均高于 FAO/WHO 推荐模式的含量（3.50%），赤峰不同产地小米含硫氨基酸略低于张家口、哈尔滨、山西小米，宁城县小米含硫氨基酸占比最高，克什克腾旗占比最低。

（8）异亮氨酸：不同产地小米异亮氨酸占总氨基酸比例在 4.11% ～ 4.47%，均高于 FAO/WHO 推荐模式的含量（4.00%）。红山区小米高于全国小米参考值，红山区、翁牛特旗、巴林右旗、喀喇沁旗小米高于区外其他 4 个产地小米。

（9）亮氨酸：不同产地小米亮氨酸占总氨基酸比例在 12.64% ～ 13.39%，显著高于 FAO/WHO 推荐模式的含量（7.00%）和全国黄小米参考值。其中敖汉旗、阿鲁科尔沁旗、红山区、松山区、元宝山区、喀喇沁旗、宁城县小米全国小米参考值。

（10）苯丙氨酸＋酪氨酸（芳香族必需氨基酸）：不同产地小米芳香族必需氨基酸占总氨基酸比例在 8.44% ～ 10.45%，均高于 FAO/WHO 推荐模式的含量（6.00%）和全国小米，低于全国黄小米参考值。其中，巴林左旗、克什克腾旗、巴林右旗、阿鲁科尔沁旗、翁牛特旗、喀喇沁旗、元宝山区、松山区、敖汉旗高于区外其他 4 个产地的小米。

（11）赖氨酸：不同产地小米赖氨酸占总氨基酸比例在 1.70% ～ 2.41%，低于 FAO/WHO 推荐模式的含量（5.50%），高于全国黄小米参考值。阿鲁科尔沁旗以及区外其他 4 个产地小米赖氨酸占比略低于全国小米参考值。

（12）组氨酸：不同产地小米组氨酸占总氨基酸比例在 2.81% ～ 3.73%，显著高于 FAO/WHO 推荐模式的含量（1.70%）和全国小米、全国黄小米参考值。哈尔滨小米最高，其次为宁城县和区外其他 3 个产地的小米。

综上所述，不同产地小米的总氨基酸、必需氨基酸和非必需氨基酸含量存在差异。其中，敖汉旗的小米总氨基酸含量最高，山西的小米必需氨基酸含量最高，哈尔滨小米的组氨酸含量最高。这些差异可能与种植环境、气候条件和管理措施等因素有关。

根据氨基酸评分模式以及不同产地小米必需氨基酸成分 FAO/WHO 模式 RAA 和 RC 评分结果可知（表6-4），不同产地小米不同氨基酸 RC 值差异小。不同产地赖氨酸 RC 值低于 1，为限制性氨基酸。不同小米苏氨酸、缬氨酸、异亮氨酸 RC 值接近 1，表示含量充足。组氨酸为婴幼儿必需氨基酸，满足婴幼儿需求。不同产地小米 SRC 值在 55.29 ～ 63.56，翁牛特旗最高，其次为红山区、克什克腾旗、松山区和喀喇沁旗，赤峰各产地小米评分显著高于区外 4 个产地。因此，在摄入小米蛋白质时，可能需要结合其他食物来补充限制性氨基酸，以满足人体对各种氨基酸的需求。

表 6-2 赤峰小米与其他产地小米氨基酸含量

检测项目	喀喇沁旗	元宝山	松山区	敖汉旗	红山区	宁城县	翁牛特旗	巴林左旗	巴林右旗	克什克腾旗	林西县	阿鲁科尔沁旗	山西	哈尔滨	延安	张家口	参考值
总氨基酸/%	9.32	10.22	10.58	11.12	8.51	10.37	9.97	8.04	9.33	9.89	10.60	8.71	10.85	9.39	10.31	9.89	8.95
必需氨基酸/%	3.80	4.14	4.27	4.39	3.45	4.25	4.05	3.35	3.89	4.10	4.27	3.56	4.45	3.89	4.25	4.07	3.49
苏氨酸/%	0.38	0.41	0.43	0.45	0.37	0.41	0.40	0.35	0.38	0.41	0.43	0.35	0.42	0.37	0.40	0.38	0.32
缬氨酸/%	0.48	0.53	0.54	0.56	0.45	0.53	0.51	0.42	0.50	0.53	0.54	0.45	0.59	0.54	0.58	0.54	0.48
蛋氨酸/%	0.27	0.30	0.29	0.32	0.25	0.33	0.30	0.21	0.28	0.28	0.30	0.26	0.33	0.29	0.30	0.32	0.29
异亮氨酸/%	0.40	0.42	0.44	0.47	0.38	0.44	0.43	0.34	0.40	0.42	0.44	0.37	0.45	0.40	0.44	0.41	0.39
亮氨酸/%	1.22	1.34	1.39	1.48	1.12	1.35	1.28	1.02	1.19	1.25	1.37	1.15	1.43	1.25	1.38	1.31	1.16
苯丙氨酸/%	0.56	0.61	0.63	0.66	0.51	0.60	0.61	0.54	0.62	0.67	0.60	0.55	0.64	0.53	0.58	0.57	0.49
赖氨酸/%	0.20	0.21	0.23	0.22	0.20	0.21	0.24	0.19	0.20	0.23	0.23	0.16	0.20	0.16	0.20	0.18	0.17
组氨酸/%	0.29	0.32	0.32	0.32	0.27	0.38	0.28	0.28	0.32	0.31	0.36	0.27	0.39	0.35	0.37	0.36	0.16
非必需氨基酸/%	5.52	6.08	6.31	6.73	5.06	6.12	5.92	4.69	5.44	5.79	6.33	5.15	6.40	5.50	6.06	5.82	5.46
胱氨酸/%	0.15	0.22	0.19	0.19	0.14	0.21	0.14	0.13	0.17	0.11	0.22	0.15	0.26	0.23	0.23	0.23	0.22
酪氨酸/%	0.30	0.33	0.34	0.35	0.25	0.31	0.34	0.30	0.32	0.33	0.34	0.28	0.34	0.27	0.29	0.30	0.25
丝氨酸/%	0.47	0.49	0.52	0.55	0.45	0.51	0.50	0.39	0.45	0.49	0.52	0.43	0.52	0.45	0.50	0.47	0.40
谷氨酸/%	2.10	2.29	2.35	2.47	1.93	2.29	2.15	1.88	2.05	2.16	2.31	1.97	2.38	2.09	1.74	2.19	1.87
脯氨酸/%	0.56	0.61	0.66	0.78	0.48	0.67	0.66	0.37	0.55	0.64	0.67	0.53	0.70	0.60	1.19	0.67	0.65
甘氨酸/%	0.25	0.28	0.29	0.30	0.25	0.27	0.29	0.25	0.26	0.28	0.29	0.22	0.28	0.22	0.26	0.24	0.24

续表

单位：%

检测项目	喀喇沁旗	元宝山	松山区	敖汉旗	红山区	宁城县	翁牛特旗	巴林左旗	巴林右旗	克什克腾旗	林西县	阿鲁科尔沁旗	山西	哈尔滨	延安	张家口	参考值
丙氨酸/%	0.78	0.87	0.90	0.99	0.71	0.87	0.85	0.60	0.76	0.81	0.92	0.75	0.97	0.84	0.93	0.87	0.80
天冬氨酸/%	0.68	0.75	0.78	0.80	0.63	0.75	0.75	0.62	0.68	0.73	0.78	0.63	0.77	0.66	0.74	0.69	0.68
精氨酸/%	0.23	0.24	0.28	0.30	0.22	0.24	0.30	0.15	0.20	0.24	0.28	0.19	0.18	0.14	0.18	0.16	0.31
EAA/TAA	0.41	0.41	0.40	0.39	0.41	0.41	0.41	0.42	0.42	0.41	0.40	0.41	0.41	0.41	0.41	0.41	0.39
EAA/NEAA	0.69	0.68	0.68	0.65	0.68	0.69	0.68	0.71	0.72	0.71	0.67	0.69	0.70	0.71	0.70	0.70	0.64

表 6-3 赤峰小米与其他产地小米必需氨基酸成分（占总氨基酸）

单位：%

产地		苏氨酸	缬氨酸	蛋氨酸+半胱氨酸	异亮氨酸	亮氨酸	苯丙氨酸+酪氨酸	赖氨酸	组氨酸
赤峰市	喀喇沁旗	4.08	5.15	4.51	4.29	13.09	9.23	2.15	3.11
	元宝山区	4.01	5.19	5.09	4.11	13.11	9.20	2.05	3.13
	松山区	4.06	5.10	4.54	4.16	13.14	9.17	2.17	3.02
	敖汉旗	4.05	5.04	4.59	4.23	13.31	9.08	1.98	2.88
	红山区	4.35	5.29	4.58	4.47	13.16	8.93	2.35	3.17
	宁城县	3.95	5.11	5.21	4.24	13.02	8.78	2.03	3.66
	翁牛特旗	4.01	5.12	4.41	4.31	12.84	9.53	2.41	2.81
	巴林左旗	4.35	5.22	4.23	4.23	12.69	10.45	2.36	3.48
	巴林右旗	4.07	5.36	4.82	4.29	12.75	10.08	2.14	3.43

续表

产地		苏氨酸	缬氨酸	蛋氨酸+半胱氨酸	异亮氨酸	亮氨酸	苯丙氨酸+酪氨酸	赖氨酸	组氨酸
赤峰市	克什克腾旗	4.15	5.36	3.94	4.25	12.64	10.11	2.33	3.13
	林西县	4.06	5.09	4.91	4.15	12.92	8.87	2.17	3.40
	阿鲁科尔沁旗	4.02	5.17	4.71	4.25	13.20	9.53	1.84	3.10
其他产地	山西	3.87	5.44	5.44	4.15	13.18	9.03	1.84	3.59
	哈尔滨	3.94	5.75	5.54	4.26	13.31	8.52	1.70	3.73
	延安	3.88	5.63	5.14	4.27	13.39	8.44	1.94	3.59
	张家口	3.84	5.46	5.56	4.15	13.25	8.80	1.82	3.64
全国小米		3.65	5.39	5.71	4.38	13.01	8.40	1.96	1.88
全国黄小米		4.14	5.68	6.75	4.97	1.54	11.12	1.66	2.25
FAO/WHO 推荐模式		4.00	5.00	3.50	4.00	7.00	6.00	5.50	1.70

注：参考值来自《中国食物成分表标准版（第六版）》，2019 年，北京大学出版社。选定的参考项目为小米（全国）和黄小米（全国）。

表 6—4 小米必需氨基酸成分 FAO/WHO 模式评分

产地		苏氨酸	缬氨酸	蛋氨酸+半胱氨酸	异亮氨酸	亮氨酸	苯丙氨酸+酪氨酸	赖氨酸	组氨酸	SRC
赤峰市	喀喇沁旗									
	RAA	1.02	1.03	1.29	1.07	1.87	1.54	0.39	1.83	60.99
	RC	0.81	0.82	1.03	0.86	1.49	1.23	0.31	1.46	
	元宝山									
	RAA	1.00	1.04	1.45	1.03	1.87	1.53	0.37	1.84	60.21
	RC	0.79	0.82	1.15	0.81	1.48	1.21	0.29	1.45	

续表

产地			苏氨酸	缬氨酸	蛋氨酸+半胱氨酸	异亮氨酸	亮氨酸	苯丙氨酸+酪氨酸	赖氨酸	组氨酸	SRC
赤峰市	松山区	RAA	1.02	1.02	1.30	1.04	1.88	1.53	0.40	1.78	
		RC	0.82	0.82	1.04	0.84	1.51	1.23	0.32	1.43	61.16
	敖汉旗	RAA	1.01	1.01	1.31	1.06	1.90	1.51	0.36	1.69	
		RC	0.82	0.82	1.06	0.86	1.54	1.23	0.29	1.37	60.74
	红山区	RAA	1.09	1.06	1.31	1.12	1.88	1.49	0.43	1.87	
		RC	0.85	0.83	1.02	0.87	1.47	1.16	0.33	1.46	62.75
	宁城县	RAA	0.99	1.02	1.49	1.06	1.86	1.46	0.37	2.16	
		RC	0.76	0.79	1.14	0.82	1.43	1.12	0.28	1.66	56.83
	翁牛特旗	RAA	1.00	1.02	1.26	1.08	1.83	1.59	0.44	1.65	
		RC	0.81	0.83	1.02	0.87	1.49	1.29	0.35	1.34	63.56
	巴林左旗	RAA	1.09	1.04	1.21	1.06	1.81	1.74	0.43	2.05	
		RC	0.83	0.80	0.93	0.81	1.39	1.34	0.33	1.57	59.49
	巴林右旗	RAA	1.02	1.07	1.38	1.07	1.82	1.68	0.39	2.02	
		RC	0.78	0.82	1.06	0.82	1.40	1.29	0.30	1.54	59.60
	克什克腾旗	RAA	1.04	1.07	1.13	1.06	1.81	1.69	0.42	1.84	
		RC	0.82	0.85	0.90	0.84	1.44	1.34	0.34	1.47	61.22
	林西县	RAA	1.01	1.02	1.40	1.04	1.85	1.48	0.39	2.00	
		RC	0.80	0.80	1.10	0.81	1.45	1.16	0.31	1.57	59.40

续表

产地			苏氨酸	缬氨酸	蛋氨酸+半胱氨酸	异亮氨酸	亮氨酸	苯丙氨酸+酪氨酸	赖氨酸	组氨酸	SRC
赤峰市	阿鲁科尔沁旗	RAA	1.00	1.03	1.34	1.06	1.89	1.59	0.33	1.82	59.32
		RC	0.80	0.82	1.07	0.84	1.50	1.26	0.27	1.45	
其他产地	山西	RAA	0.97	1.09	1.55	1.04	1.88	1.51	0.34	2.11	56.60
		RC	0.74	0.83	1.19	0.79	1.44	1.15	0.26	1.61	
	哈尔滨	RAA	0.99	1.15	1.58	1.06	1.90	1.42	0.31	2.19	55.79
		RC	0.74	0.87	1.19	0.80	1.43	1.07	0.23	1.65	
	延安	RAA	0.97	1.13	1.47	1.07	1.91	1.41	0.35	2.11	55.29
		RC	0.75	0.86	1.13	0.82	1.47	1.08	0.27	1.62	
	张家口	RAA	0.96	1.09	1.59	1.04	1.89	1.47	0.33	2.14	56.03
		RC	0.73	0.83	1.21	0.79	1.44	1.12	0.25	1.63	
全国小米		RAA	0.91	1.08	1.63	1.09	1.86	1.40	0.36	1.10	60.92
		RC	0.77	0.91	1.38	0.93	1.58	1.19	0.30	0.94	
全国黄小米		RAA	1.04	1.14	1.93	1.24	0.22	1.85	0.30	1.32	44.69
		RC	0.92	1.01	1.71	1.10	0.19	1.64	0.27	1.17	
FAO/WHO模式		mg/g	40	50	35	40	70	60	55	17	

6.3 脂肪酸

不同产地小米的脂肪酸平均含量如表 6-5 所示。①总脂肪酸：含量范围在 1.89% ~ 4.39%，赤峰小米中敖汉旗最高，阿鲁科尔沁旗最低，赤峰不同产地小米含量高于全国参考值和省外其他产区。②饱和脂肪酸：含量范围在 0.27% ~ 0.59%，红山区小米含量最高、张家口小米含量最低，均低于全国参考值。主要饱和脂肪酸为棕榈酸和硬脂酸。棕榈酸含量范围在 0.15% ~ 0.39%，均低于全国参考值；硬脂酸含量在 0.04% ~ 0.30%，红山区小米硬脂酸高于全国参考值，其他赤峰小米均低于全国参考值。③单不饱和脂肪酸：主要为油酸，范围在 0.30% ~ 0.77%，敖汉旗小米含量最高，高于全国黄小米参考值，除阿鲁科尔沁旗小米外，赤峰小米油酸含量高于张家口、哈尔滨、全国小米参考值。④多不饱和脂肪酸：赤峰小米含有丰富的多不饱和脂肪酸，含量范围在 1.98% ~ 3.18%，高于区外 4 个产地、全国小米参考值，敖汉旗小米含量最高。小米多不饱和脂肪酸主要为亚油酸和亚麻酸，含量范围分别在 1.23% ~ 2.89% 和 0.05% ~ 0.33%，翁牛特旗、松山区、敖汉旗、林西县、宁城县、巴林左旗、巴林右旗亚油酸含量均高于 2.7%。⑤ UFA/FA 比值：各产地米中的 UFA/FA 比值在 0.83 ~ 0.91，接近 1，表示总体上脂肪酸主要为不饱和脂肪酸。各产地小米的 UFA/FA 比值都接近于 1，差异较小。⑥ UFA/SFA 比值：这个比值表示不饱和脂肪酸与饱和脂肪酸的比例。各产地小米中的 UFA/SFA 比值在 4.97 ~ 9.00，较高的值表示相对较高的不饱和脂肪酸含量。赤峰各产地小米均高于全国小米参考值，宁城县最高，红山区最低。

由表 6-6 可知，不同品种小米的饱和脂肪酸占总脂肪酸比例在 9.48% ~ 16.93%，其中哈尔滨小米饱和脂肪酸占比最高、宁城县小米饱和脂肪酸占比最低，均低于全国参考值。其中，棕榈酸含量在 7.28% ~ 9.92%，张家口最低、克什克腾旗最高，显著低于全国参考值；硬脂酸含量在 1.21% ~ 7.89%，林西县最低、红山区最高，显著高于全国黄小米参考值。单不饱和脂肪酸占总脂肪酸比例在 14.21% ~ 18.72%，主要为油酸，均低于全国黄小米参考值，喀喇沁旗最高，其次为克什克腾旗、敖汉旗、林西县，均高于全国小米参考值。多不饱和脂肪酸占总脂肪酸比例 67.72% ~ 75.44%，均高于全国参考值和区外其他 4 个产地，其中巴林右旗占比最高，哈尔滨最低。多不饱和脂肪酸主要以亚油酸含量为主，含有少量亚麻酸。亚油酸占总脂肪酸 62.60% ~ 69.83%，其中宁城县占比最高，克什克腾旗最低，均显著高于全国参考值。亚麻酸占总脂肪酸比例在 2.65% ~ 8.40%，其中克什克腾旗的含量相对最高。

表 6-5 赤峰小米与其他产地小米主要脂肪酸成分（含量大于 0.01%）

产地		总脂肪酸 /%	饱和脂肪酸 /%	棕榈酸 /%	硬脂酸 /%	单不饱和脂肪酸 /%	油酸 /%	多不饱和脂肪酸 /%	亚油酸 /%	亚麻酸 /%	UFA/FA	UFA/SFA
赤峰市	喀喇沁旗	3.74	0.40	0.35	0.05	0.70	0.70	2.64	2.36	0.28	0.89	7.65
	元宝山区	3.90	0.40	0.33	0.07	0.60	0.60	2.90	2.59	0.31	0.90	7.98
	松山区	4.23	0.41	0.34	0.07	0.66	0.66	3.16	2.89	0.27	0.90	8.66
	敖汉旗	4.39	0.44	0.37	0.07	0.77	0.77	3.18	2.88	0.30	0.90	8.30
	红山区	3.80	0.59	0.29	0.30	0.54	0.54	2.67	2.57	0.11	0.85	5.29
	宁城县	4.01	0.38	0.32	0.06	0.62	0.62	3.01	2.80	0.21	0.91	9.00
	翁牛特旗	4.26	0.42	0.35	0.07	0.67	0.67	3.17	2.89	0.28	0.90	8.48
	巴林左旗	3.95	0.38	0.33	0.05	0.63	0.63	2.94	2.74	0.20	0.90	8.87
	巴林右旗	3.95	0.39	0.32	0.07	0.58	0.58	2.98	2.72	0.26	0.90	8.46
	克什克腾旗	3.93	0.45	0.39	0.06	0.69	0.69	2.79	2.46	0.33	0.89	7.00
	林西县	4.14	0.41	0.36	0.05	0.71	0.71	3.02	2.80	0.22	0.90	8.56
	阿鲁科尔沁旗	2.68	0.28	0.24	0.04	0.42	0.42	1.98	1.78	0.20	0.90	7.86
其他产地	张家口	2.06	0.27	0.15	0.12	0.34	0.34	1.46	1.40	0.06	0.87	6.41
	延安	2.79	0.38	0.23	0.15	0.44	0.44	1.97	1.89	0.08	0.86	6.10
	山西	2.64	0.37	0.23	0.14	0.44	0.44	1.82	1.75	0.07	0.86	5.86
	哈尔滨	1.89	0.32	0.17	0.14	0.30	0.30	1.28	1.23	0.05	0.83	4.97
全国小米		1.80	0.60	0.55	0.09	0.30	0.25	0.90	0.52	0.38	0.84	5.13
全国黄小米		2.50	1.20	1.12	0.09	0.80	0.76	0.50	0.44	—	0.86	6.15

表6-6 主要脂肪酸占总脂肪酸比例

单位: %

	产地	饱和脂肪酸	棕榈酸	硬脂酸	单不饱和脂肪酸	油酸	多不饱和脂肪酸	亚油酸	亚麻酸
	喀喇沁旗	10.70	9.36	1.34	18.72	18.72	70.59	63.10	7.49
	元宝山区	10.26	8.46	1.79	15.38	15.38	74.36	66.41	7.95
	松山区	9.69	8.04	1.65	15.60	15.60	74.70	68.32	6.38
	敖汉旗	10.02	8.43	1.59	17.54	17.54	72.44	65.60	6.83
	红山区	15.53	7.63	7.89	14.21	14.21	70.26	67.63	2.89
赤峰市	宁城县	9.48	7.98	1.50	15.46	15.46	75.06	69.83	5.24
	翁牛特旗	9.86	8.22	1.64	15.73	15.73	74.41	67.84	6.57
	巴林左旗	9.62	8.35	1.27	15.95	15.95	74.43	69.37	5.06
	巴林右旗	9.87	8.10	1.77	14.68	14.68	75.44	68.86	6.58
	克什克腾旗	11.45	9.92	1.53	17.56	17.56	70.99	62.60	8.40
	林西县	9.90	8.70	1.21	17.15	17.15	72.95	67.63	5.31
	阿鲁科尔沁旗	10.45	8.96	1.49	15.67	15.67	73.88	66.42	7.46
	张家口	13.11	7.28	5.83	16.50	16.50	70.87	67.96	2.91
其他产地	延安	13.62	8.24	5.38	15.77	15.77	70.61	67.74	2.87
	山西	14.02	8.71	5.30	16.67	16.67	68.94	66.29	2.65
	哈尔滨	16.93	8.99	7.41	15.87	15.87	67.72	65.08	2.65
全国小米		33.33	30.56	5.00	16.67	13.89	50.00	28.89	21.11
全国黄小米		48.00	44.80	3.60	32.00	30.40	20.00	17.60	—

6.4 矿质元素

钾、钠、钙、镁、铜、铁、锰、锌、硒和磷是小米中的一些重要矿物质和营养元素。不同产地小米矿质元素含量如表 6-7 所示。由结果可知：

（1）钾：在不同产地小米中，钾的含量在 1582.10 ～ 2801.51 mg/kg，产地之间差异较大。翁牛特旗的钾含量最高，其次为克什克腾旗，哈尔滨的钾含量最低。

（2）钠：不同产地小米的钠含量在 79.90 ～ 670.81 mg/kg，产地之间差异较大。克什克腾旗含量高于 670 mg/kg；元宝山区、山西、哈尔滨、红山区、宁城县、敖汉旗、张家口均低于 100 mg/kg。

（3）钙：不同产地小米的钙含量在 384.52 ～ 577.84 mg/kg，不同产地之间的差异较大。元宝山钙含量最高，其次为红山区 549.57mg/kg，翁牛特旗含量最低。

（4）镁：不同产地小米镁含量在 798.12 ～ 1396.83 mg/kg。翁牛特旗的镁含量最高，其次为克什克腾旗（1393.15 mg/kg），哈尔滨的镁含量最低。

（5）铜：不同产地小米铜含量在 2.05 ～ 7.86 mg/kg，翁牛特旗含量最高。

（6）铁：铁的含量在 49.55 ～ 113.23 mg/kg，敖汉旗的铁含量最高，其次为红山区（106.28 mg/kg），敖汉旗、红山区、元宝山区、宁城县、松山区、阿鲁科尔沁旗铁含量高于区外其他 4 个产区小米。

（7）锰：锰的含量在 8.69 ～ 20.17 mg/kg 变化。克什克腾旗的锰含量最高，除阿鲁科尔沁旗以外，其他产地锰含量均高于区外其他产区。

（8）锌：不同产地小米的锌含量在 21.25 ～ 37.34 mg/kg，红山区的锌含量最高，而哈尔滨的锌含量最低。

（9）硒：不同产地小米的硒含量在 0.05 ～ 0.06 mg/kg，差异较小。

（10）磷：不同产地小米的磷含量在 0.04% ～ 0.08% 变化，差异较小。

表 6-7 赤峰小米与其他产地小米微量元素含量

单位：mg/kg

产地		钾	钠	钙	镁	铜	铁	锰	锌	硒	磷/%
赤峰市	喀喇沁旗	2509.66	628.54	402.39	1199.72	7.31	56.24	17.48	31.04	0.05	0.06
	元宝山区	2081.69	96.38	577.84	1124.44	5.47	99.02	15.41	31.39	0.05	0.06
	松山区	2529.73	112.62	506.74	1280.69	5.90	92.87	16.72	30.55	0.05	0.08
	敖汉旗	2370.55	87.15	481.24	1335.52	5.54	113.23	17.88	29.77	0.05	0.08
	红山区	2167.68	91.55	549.57	1194.70	6.36	106.28	17.33	37.34	0.05	0.07
	宁城县	2080.95	91.10	482.85	1132.39	5.67	96.29	14.71	26.17	0.05	0.07
	翁牛特旗	2801.51	634.71	384.52	1396.83	7.86	49.55	19.24	31.96	0.05	0.07
	巴林左旗	2472.45	471.11	403.68	1213.91	6.05	60.73	17.17	22.51	0.05	0.07
	巴林右旗	2568.29	433.13	430.00	1317.41	6.06	81.05	16.43	25.12	0.05	0.07
	克什克腾旗	2755.11	670.81	424.59	1393.15	7.43	64.30	20.17	28.78	0.05	0.07
	林西县	2568.97	438.38	410.71	1343.27	6.55	61.64	17.67	30.05	0.05	0.06
	阿鲁科尔沁旗	1606.38	217.01	528.29	842.36	5.03	85.96	13.21	22.73	0.05	0.04
其他产地	山西	2037.77	96.17	497.38	1097.37	3.20	77.30	11.15	25.47	0.06	0.05
	哈尔滨	1582.10	93.20	442.27	798.12	2.05	66.87	8.69	21.25	0.05	0.04
	延安	2331.26	138.89	503.67	1261.78	3.93	81.07	13.47	25.98	0.05	0.04
	张家口	1880.70	79.90	474.16	926.64	3.47	84.76	10.34	25.91	0.05	0.05

6.5 维生素

不同产地小米中维生素 B_1、维生素 B_2、维生素 A 和维生素 E 的含量情况如表 6-8 所示。

（1）维生素 B_1：含量范围为 0.36（哈尔滨）～ 0.68 mg/100g（翁牛特），除阿鲁科尔沁旗小米以外，其他小米维生素 B_1 含量均高于区外其他 4 个产区小米。

（2）维生素 B_2：含量范围为 0.05（哈尔滨）～ 0.13 mg/100g（红山区、巴林左旗），产地间差异较小。

（3）维生素 A：含量范围为 5.68（延安）～ 8.75 μg/100g（巴林左旗），其次为翁牛特旗、松山区等。

（4）维生素 E：含量范围为 1.01（红山区）～ 1.46 mg/100g（延安）。

不同产地维生素含量上差异较小。维生素 B_1 和维生素 B_2 对能量代谢和细胞功能至关重要，维生素 A 在视觉和细胞分化中发挥作用，而维生素 E 具有抗氧化特性。

表 6-8 赤峰小米与其他产地维生素含量

产地		维生素 B_1/（mg/100g）	维生素 B_2/（mg/100g）	维生素 A/（μg/100g）	维生素 E/（mg/100g）
赤峰市	喀喇沁旗	0.61	0.08	7.82	1.36
	元宝山区	0.62	0.10	7.30	1.15
	松山区	0.64	0.08	8.11	1.28
	敖汉旗	0.65	0.08	6.90	1.19
	红山区	0.61	0.13	7.20	1.01
	宁城县	0.63	0.08	7.48	1.40
	翁牛特旗	0.68	0.12	8.20	1.21
	巴林左旗	0.61	0.13	8.75	1.15
	巴林右旗	0.60	0.11	7.84	1.29
	克什克腾旗	0.67	0.12	8.03	1.27
	林西县	0.67	0.11	7.26	1.43
	阿鲁科尔沁旗	0.45	0.07	7.31	1.29

续表

产地		维生素 B$_1$/ （mg/100g）	维生素 B$_2$/ （mg/100g）	维生素 A/ （μg/100g）	维生素 E/ （mg/100g）
其他产地	山西	0.55	0.08	7.33	1.34
	哈尔滨	0.36	0.05	8.00	1.42
	延安	0.54	0.09	5.68	1.46
	张家口	0.49	0.06	8.09	1.25

6.6 不同产地小米聚类分析

依据小米的 37 个主要指标的测定数据为聚类依据，以不同产地为聚类对象，聚类结果如附图 3 所示。由附图 3 可知，喀喇沁旗与巴林右旗小米、阿鲁科尔沁旗与克什克腾旗小米、林西县与翁牛特旗小米界线较近，与其他有明显区分界线，说明不同产地小米品质具有明显的差异，小米品质与其产地因素有密切关联。

第7章

赤峰不同产地小米（金苗 K1）食用加工品质比较

7.1 食用加工品质

选择赤峰各产地金苗 K1 品种小米为代表性样品，蒸熟后检测其食用品质、加工品质等，比较产地间差异。吸水率是指小米在烹饪过程中吸收水分的能力，高吸水率可以使小米更加饱满、细腻。膨胀率描述的是小米在吸水后体积的增加比例，膨胀率高的小米说明其膨胀能力强，烹饪后的感觉可能更加软糯，结果如表 7-1 所示。

（1）吸水率：阿鲁科尔沁旗金苗 K1 吸水率最高，达到了 6.022%，表明该产地金苗 K1 小米在烹煮过程中可能会更加饱满、细腻。而吸水率最低的产地是宁城县，为 4.938%。

（2）膨胀率：阿鲁科尔沁旗金苗 K1 膨胀率最高，为 5.179%。敖汉旗、红山区、松山区和巴林左旗，都达到了 5.000%，表明这些地区的金苗 K1 小米膨胀能力较强，烹煮后具有比较好的口感；膨胀率最低的产地是林西县，为 3.929%，可能表明该地金苗 K1 小米烹煮后膨胀程度相对较小。

赤峰市金苗 K1 小米平均吸水率为 5.276%，平均膨胀率为 4.755%，可以看出，大部分地区的小米吸水率和膨胀率都接近或超过了这个平均值，表明赤峰市的金苗 K1 小米整体上具有较好的烹煮性质。

表 7-1 赤峰不同产地金苗 K1 小米加工品质　　　　　　　　单位：%

产地	吸水率	膨胀率
元宝山区	4.972	4.256
翁牛特旗	5.202	4.800
宁城县	4.938	4.435
红山区	4.971	5.000
松山区	5.291	5.000
林西县	5.529	3.929
克什克腾旗	5.451	4.643
喀喇沁旗	5.031	4.791
巴林左旗	5.223	5.000
巴林右旗	5.472	4.933
敖汉旗	5.204	5.097
阿鲁科尔沁旗	6.022	5.179
赤峰市平均值	5.276	4.755

赤峰不同产地金苗 K1 小米食用品质结果如表 7-2 所示，由结果可知：

（1）硬度：喀喇沁旗的金苗 K1 小米在赤峰所有产地中硬度最高（4.723 N），相比之下，林西县的金苗 K1 小米硬度最低（2.811 N），可能需要的咀嚼力度较小。

（2）黏性：黏性描述了食物能在受力后维持其形状的能力。阿鲁科尔沁旗的金苗 K1 小米黏性绝对值最大（–1.498 gf*s），这可能意味着它煮熟后能保持固定形状不易散开，最不黏稠的则是翁牛特旗的金苗 K1 小米，绝对值最低（–0.350 gf*s）。

（3）咀嚼性：喀喇沁旗的金苗 K1 小米需要最大的咀嚼力（1.437 gf*s），林西县金苗 K1 的小米咀嚼性最小（0.452 gf*s）。

（4）胶着性：喀喇沁旗的金苗 K1 小米胶着性最大（2.601 gf*s），林西县评分最低（1.125 gf*s）。

（5）弹性：弹性衡量了食物被压缩后的回弹能力。克什克腾旗和敖汉旗的金苗 K1 小米在弹性上得分最高（0.545），说明这两个地区的小米在被压缩后能很好地回到原来的形状。林西县的小米在弹性方面得分为最低（0.404），可能其烹饪后的质地偏向软糯。

（6）黏聚性：敖汉旗的金苗 K1（0.574）最高，林西县的金苗 K1 小米黏聚性最低（0.417）。

（7）回复性：回复性描述了食物在受力后，形状恢复到原状的能力。宁城县和翁牛特旗的小米回复性最高（0.117 和 0.116），这可能意味着这两个地区的小米在烹饪过程中能维持良好的形状。相反，林西县的小米回复性最差（0.090），可能烹饪后的形状更为扁平或散开。

表 7-2　赤峰不同产地金苗 K1 小米食用品质

产地	硬度 /N	黏性 /（gf*s）	咀嚼性 /N	胶着性 /N	弹性	黏聚性	回复性
元宝山区	3.550	−0.920	0.857	1.855	0.446	0.517	0.105
翁牛特旗	3.930	−0.350	1.073	2.138	0.496	0.542	0.116
宁城县	4.659	−0.378	1.220	2.445	0.499	0.524	0.117
红山区	4.566	−1.095	1.176	2.365	0.497	0.518	0.107
松山区	3.388	−1.035	0.962	1.809	0.519	0.529	0.107
林西县	2.811	−0.490	0.452	1.125	0.404	0.417	0.090
克什克腾旗	4.083	−0.545	1.155	2.120	0.545	0.520	0.104
喀喇沁旗	4.723	−0.508	1.437	2.601	0.542	0.551	0.114
巴林左旗	3.858	−1.460	1.031	1.883	0.534	0.480	0.093
巴林右旗	4.035	−0.988	1.053	2.021	0.512	0.498	0.103
敖汉旗	3.920	−0.950	1.255	2.267	0.545	0.574	0.115
阿鲁科尔沁旗	3.843	−1.498	0.953	1.895	0.506	0.493	0.095
赤峰市平均值	3.947	−0.851	1.052	2.044	0.504	0.514	0.106

7.2　色泽

赤峰市不同旗县小米色泽如表 7-3 所示。

（1）L*（亮度）：阿鲁科尔沁旗的金苗 K1 小米 L* 值最高，说明这个地区的金苗 K1 小米在色彩方面更亮，喀喇沁旗的小米亮度较低（L*=56.700）。

（2）a*（从绿色到红色）：林西县的金苗 K1 小米有最高的 a* 值（10.000），

这意味着它颜色更偏向于红色。相反，翁牛特旗的金苗 K1 小米 a* 值最低（4.600），这意味着它的颜色更偏向于绿色或者说更弱的红色。

（3）b*（从蓝色到黄色）：阿鲁科尔沁旗的金苗 K1 小米有最高的 b* 值（37.550），意味着它的颜色最偏向黄色。翁牛特旗的金苗 K1 小米 b* 值最低（22.700），这意味着它的颜色更偏向于蓝色或者说更弱的黄色。

表 7-3　赤峰不同产地金苗 K1 小米色泽

产地	L*	a*	b*
元宝山区	59.950	6.750	27.050
翁牛特旗	58.900	4.600	22.700
宁城县	64.750	8.650	31.300
红山区	62.900	8.200	29.900
松山区	69.400	8.800	35.900
林西县	69.000	10.000	36.800
克什克腾旗	64.600	9.200	32.500
喀喇沁旗	56.700	5.850	24.350
巴林左旗	59.800	6.800	26.600
巴林右旗	63.933	8.133	29.933
敖汉旗	65.600	8.200	33.850
阿鲁科尔沁旗	71.000	9.150	37.550
赤峰市平均值	63.878	7.861	30.703

第 8 章

产地环境与赤峰小米品质的关联性

8.1 土壤养分特征及肥力评价

土壤是植物生长代谢必不可少的物质基础，土壤肥力是植物与生长环境相协调的产物，由土壤各个基本属性共同反应而成，能供给植物生长所需的各种养分和水分，小米的生长发育以及产量和品质直接受土壤肥力高低的影响。本章研究检测了 2022 年 10 月至 2023 年 5 月，从赤峰市 12 个县 / 区 / 旗采集的小米产地土壤样品养分、离子、矿质元素，具体检测结果如表 8-1 至表 8-3 所示。

8.1.1 土壤养分

（1）pH 值：不同产地土壤 pH 值在 7.71 ～ 8.33，平均值为 7.96，属于碱性土，不同产地之间差异较小，红山区 pH 值最高，喀喇沁旗 pH 值最低。

（2）有机质：不同产地土壤有机质含量介于 5.37 ～ 19.36 g/kg，平均值为 13.57 g/kg，有机质含量丰富，产地间差异较大，巴林右旗含量最高、红山区含量最低。

（3）氮素：不同产地土壤全氮含量介于 0.04% ～ 0.14%，均值为 0.08%，产地间差异较小。不同产地土壤碱解氮含量介于 43.46 ～ 89.12 mg/kg，均值为 70.05 mg/kg，产地间差异较大。

（4）磷素：不同产地土壤全磷含量介于 0.03% ～ 0.06%，均值为 0.04%，产地间差异较小。不同产地土壤有效磷含量介于 2.73 ～ 12.14 mg/kg，均值为 6.99 mg/kg。喀喇沁旗含量最高，其次为松山区（9.75 mg/kg）、敖汉旗（9.44 mg/kg），红山区含量最低。

（5）钾素：不同产地土壤全钾含量介于 1.93% ～ 2.36%，均值为 2.11%，产地间差异较小，克什克腾旗最高，翁牛特旗最低。不同产地土壤速效钾含量介于 108.00 ～ 139.86 mg/kg，均值为 126.29 mg/kg，产地间差异较大，林西县含量最高、巴林左旗含量最低。

8.1.2 土壤离子

（1）钾离子：不同产地含量在 0.004 ～ 0.010 g/kg，平均值为 0.006 g/kg，产地间差异较小，巴林左旗含量最高，元宝山区含量最低。

（2）钠离子：不同产地含量在 0.018 ～ 0.081 g/kg，平均值为 0.033 g/kg，变异系数为 0.017，巴林右旗含量最高，林西县含量最低。

（3）钙离子：不同产地含量在 0.118 ～ 0.182 g/kg，平均值为 0.147 g/kg，产地间差异较小，巴林左旗含量最高，克什克腾旗含量最低。

（4）镁离子：不同产地含量在 0.005 ～ 0.011 g/kg，平均值为 0.008 g/kg，产地间差异较小，克什克腾旗含量最高，宁城县含量最低。

（5）碳酸根：克什克腾旗、松山区、林西县、阿鲁科尔沁旗、红山区、敖汉旗碳酸根离子低于检出限，其他旗县含量范围在 0.002 ～ 0.090 g/kg，平均值为 0.017 g/kg。

（6）碳酸氢根：不同产地含量在 0.212 ～ 0.728 g/kg，平均值为 0.348 g/kg，产地间差异较大，巴林右旗含量最高，林西县含量最低。

（7）氯离子：不同产地含量在 0.013 ～ 0.071 g/kg，平均值为 0.028 g/kg，产地间差异较小，巴林右旗含量最高，林西县含量最低。

（8）硫酸根：不同产地含量在 0.090 ～ 0.138 g/kg，平均值为 0.109 g/kg，变异系数为 0.015，产地间差异较小，巴林右旗含量最高，元宝山区含量最低。

8.1.3 矿质元素

（1）铜元素：不同产地含量在 14.44 ～ 19.33 mg/kg，平均值为 17.05 mg/kg，产地间差异较大，翁牛特旗含量最高，其次为元宝山区（18.74 mg/kg）、宁城县（17.97 mg/kg），敖汉旗（14.44 mg/kg）含量最低。

（2）铁元素：不同产地含量在 15 631.17 ～ 25 077.98 mg/kg，平均值为 20 110.36 mg/kg，产地间差异较大，元宝山区含量最高，其次为喀喇沁旗、宁城县、翁牛特旗、林西县、松山区，高于 20 000 mg/kg，敖汉旗、巴林左旗含量较低。

（3）锰元素：不同产地含量在 391.54 ～ 601.20 mg/kg，平均值为 495.83 mg/kg，产地间差异较大，元宝山区含量最高，其次为喀喇沁旗（583.48 mg/kg），巴林左旗含量最低。

（4）锌元素：不同产地含量在 45.67 ～ 65.09 mg/kg，平均值为 54.83 mg/kg，喀喇沁旗含量最高，其次为元宝山区（64.46 mg/kg），巴林左旗含量最低。

综合而言，不同产地的土壤肥力和养分情况存在一定的差异。有机质含量方面，巴林右旗的土壤含量最高，红山区的含量最低；碱解氮、有效磷和速效钾方面，喀喇沁旗的土壤含量相对较高，红山区的含量较低。而红山区的土壤 pH 值偏高，可能需要采取措施来调整土壤酸碱性。

表 8–1　赤峰小米不同产地土壤养分情况

产地	pH 值	有机质 /（g/kg）	全氮 /%	全磷 /%	全钾 /%	碱解氮 /（mg/kg）	有效磷 /（mg/kg）	速效钾 /（mg/kg）
喀喇沁旗	7.71	15.53	0.14	0.05	2.06	75.29	12.14	136.13
元宝山区	7.91	14.36	0.08	0.05	2.01	69.14	7.33	131.61
松山区	8.03	7.37	0.05	0.05	2.10	43.46	9.75	134.08
敖汉旗	8.07	13.05	0.07	0.04	2.05	89.12	9.44	110.00
红山区	8.33	5.37	0.04	0.04	2.17	50.33	2.73	119.00
宁城县	8.01	13.54	0.08	0.04	2.11	71.51	9.36	119.70
翁牛特旗	7.87	12.74	0.08	0.05	1.93	68.35	7.98	119.17
巴林左旗	7.88	15.92	0.09	0.03	2.01	80.53	4.62	108.00
巴林右旗	7.90	19.36	0.11	0.04	2.13	81.54	5.90	129.17
克什克腾旗	7.83	14.69	0.08	0.06	2.36	83.43	6.20	138.50
林西县	7.88	13.74	0.10	0.04	2.28	61.39	4.00	139.86
阿鲁科尔沁旗	8.09	17.21	0.09	0.04	2.05	66.47	4.47	130.25
平均值	7.96	13.57	0.08	0.04	2.11	70.05	6.99	126.29

表 8-2　赤峰小米不同产地土壤离子含量 　　　　　　　　　　　　　　　单位：g/kg

产地	钾	钠	钙	镁	碳酸根	碳酸氢根	氯离子	硫酸根
喀喇沁旗	0.005	0.024	0.162	0.008	0.002	0.291	0.021	0.112
元宝山区	0.004	0.032	0.137	0.008	0.005	0.386	0.030	0.090
松山区	0.007	0.026	0.142	0.010	0.000	0.306	0.021	0.092
敖汉旗	0.007	0.022	0.145	0.006	0.000	0.274	0.023	0.133
红山区	0.005	0.022	0.160	0.008	0.000	0.271	0.019	0.112
宁城县	0.005	0.037	0.125	0.005	0.007	0.437	0.039	0.122
翁牛特旗	0.005	0.049	0.139	0.007	0.086	0.253	0.025	0.108
巴林左旗	0.010	0.031	0.182	0.006	0.010	0.364	0.025	0.102
巴林右旗	0.007	0.081	0.148	0.010	0.090	0.728	0.071	0.138
克什克腾旗	0.008	0.035	0.118	0.011	0.000	0.401	0.033	0.098
林西县	0.006	0.018	0.143	0.009	0.000	0.212	0.013	0.097
阿鲁科尔沁旗	0.007	0.021	0.165	0.008	0.000	0.253	0.016	0.107
平均值	0.006	0.033	0.147	0.008	0.017	0.348	0.028	0.109
变异系数	0.002	0.017	0.018	0.002	0.034	0.138	0.015	0.015

表 8-3　赤峰小米不同产地土壤矿质元素 　　　　　　　　　　　　　　　单位：mg/kg

产地	铜	铁	锰	锌
喀喇沁旗	17.96	24 015.30	583.48	65.09
元宝山区	18.74	25 077.98	601.20	64.46
松山区	17.20	20 539.76	505.73	56.47
敖汉旗	14.44	16 251.39	412.68	47.26
红山区	16.50	19 680.00	457.42	52.08
宁城县	17.97	22 406.72	530.14	58.32
翁牛特旗	19.33	21 023.17	542.97	55.00
巴林左旗	14.73	15 631.17	391.54	45.67
巴林右旗	16.92	18 643.13	448.27	52.25
克什克腾旗	17.23	19 163.26	477.93	51.39
林西县	17.50	20 775.44	513.88	56.41
阿鲁科尔沁旗	16.05	18 117.06	484.67	53.53
平均值	17.05	20 110.36	495.83	54.83

8.2　土壤营养成分与赤峰小米营养品质的相关性

土壤营养成分与小米营养品质相关性热图如附图 4 所示。由附图 4 可知，小米的蛋白质与土壤中的有效磷、铜元素、锌元素表现正相关性；小米的可溶性糖、亚麻酸、谷氨酸、脯氨酸、丝氨酸与土壤中的有效磷表现正相关；小米的直链淀粉、钙元素、铁元素与土壤水分表现正相关。小米的脯氨酸与土壤钙元素表现负相关；小米的钠元素、亚麻酸与土壤水分表现负相关；小米的锌元素与土壤钾元素表现负相关；小米的蛋白质与土壤钙元素表现负相关；小米的铁元素与土壤的维生素 B_2 表现负相关。结果表明，土壤中的某些元素可以促进或抑制小米中特定营养成分的积累。例如，高含量的有效磷可能有助于提高小米的蛋白质和几种氨基酸水平，而高土壤水分可能更有利于增加直链淀粉、钙和铁的含量。另外，高土壤钙水平可能减少小米中的脯氨酸和蛋白质含量，而过多的土壤水分可能会降低亚麻酸和钠的浓度。相关性并不代表因果关系，可能还有其他不可见的影响因素。在实际中，应进行综合考虑，并结合更全面的农业知识和实践。

第9章

结论与展望

9.1 结论

本研究在 2022 年 10 月至 2023 年 5 月,采集了谷子样本 70 份、小米样本 109 批次(采集品种 24 个)、土壤样本 164 批次。所检产品来源赤峰市 12 个县级行政区以及河北省、黑龙江省、陕西省、山西省等小米主产地区市售产品。共检测指标 90 项(包括营养、风味、食用加工品质),检出数据 17 160 个。对检测结果进行总结如下。

9.1.1 赤峰谷子与赤峰小米品质比较

在谷子脱皮加工过程中,随着谷壳、谷糠的脱除,平均水分含量会少许降低,脂肪、蛋白质、淀粉、直链淀粉、支链淀粉、总氨基酸含量有所提升,灰分和粗纤维含量显著降低,说明灰分和粗纤维主要存在于谷壳和谷糠中。总氨基酸平均值由 8.52% 升至 10.22%。谷子和小米中亮氨酸、苯丙氨酸、缬氨酸、谷氨酸、丙氨酸、天冬氨酸含量较高。

谷子和小米含有丰富的不饱和脂肪酸,小米总脂肪酸含量(4.19%)高于谷子中(3.74%)的总脂肪酸含量 12%,主要体现在多不饱和脂肪酸中亚油酸含量上,小米亚油酸含量(2.72%)相较于谷子亚油酸含量(2.35%)高出 15.7%。

随着谷壳、谷糠的脱除,谷子中的矿质元素含量显著降低,降低范围在

63.72% ～ 90.77%，维生素含量变化较小。

9.1.2 不同品种赤峰小米品质比较

本研究在赤峰市内共采集 24 个主要品种，其中有 13 个品种样本数少于 3 个，故仅对绿谷、辰诺金苗、蒙龙香谷、朱砂变、东谷、金香玉、张杂 13 号、红谷、敖谷 8000、金苗 K1、毛毛谷 11 个品种进行比对分析，不同品种赤峰小米的营养品质优于《中国食物成分表标准版（第六版）》中的参考标准。

（1）常规营养成分：不同品种赤峰小米的水分、灰分、直链淀粉、总氨基酸、必需氨基酸含量低于全国小米和全国黄小米参考值（毛毛谷水分、氨基酸含量介于全国小米和全国黄小米参考值之间）；不同品种脂肪、粗纤维、淀粉、支链淀粉含量高于全国参考值（毛毛谷脂肪含量低于全国小米参考值及全国黄小米参考值）；金香玉、东谷、蒙龙香谷、红谷、张杂 13 号、敖谷 8000、辰诺金苗蛋白质含量高于全国参考值，其中金香玉蛋白质、总氨基酸高于全国小米参考值 27.8%，绿谷、金苗 K1、毛毛谷蛋白质低于全国参考值。

（2）氨基酸成分：不同品种赤峰小米总氨基酸、8 种必需氨基酸的含量以及 EAA/TAA 和 EAA/NEAA 比值高于全国小米和全国黄小米的参考值。赖氨酸的含量没有达到 FAO/WHO 推荐模式中的含量要求，为一限制氨基酸；组氨酸为婴儿必需氨基酸，已满足 FAO/WHO 推荐模式的含量要求；其他必需氨基酸均超过 FAO/WHO 推荐模式的含量，表明赤峰小米具备较优的必需氨基酸组合比例。根据联合国粮食及农业组织和世界卫生组织提出的 EAA 标准模式，赤峰小米的必需氨基酸的比值系数分（SRC）高于全国黄小米和全国小米参考值。

（3）脂肪酸成分：不同品种赤峰小米饱和脂肪酸、单不饱和脂肪酸（油酸）含量高于全国小米参考值、低于全国黄小米参考值（除毛毛谷饱和脂肪酸低于全国小米），不同品种赤峰小米棕榈酸含量低于全国小米、全国黄小米参考值，硬脂酸、多不饱和脂肪酸、亚油酸含量高于全国小米和全国黄小米参考值，亚油酸含量高出 4.45 倍和 3.81 倍以上。

（4）微量元素和维生素：小米中的这些重要矿质元素，包括钾、钠、钙、镁、铜、铁、锰、锌和硒，其含量因品种而异。其中，辰诺金苗钾和镁含量最高，朱砂变钙和铁含量最高，东谷的锌含量最高。赤峰小米维生素 B_1

的含量特别突出，远超全国的平均值。

（5）聚类分析：赤峰小米各品种聚类界线较为清晰；各品种的常规营养含量、氨基酸含量、必需氨基酸比例、脂肪酸含量、脂肪酸比例、微量元素及维生素含量优于全国小米与全国黄小米的参考值（参考值来自《中国食物成分表标准版（第六版）》，2019 年，北京大学出版社）。其中，必需氨基酸 FAO/WHO 推荐模式中，SRC 评分较高的品种为绿谷（63.47）和辰诺金苗（63.15），全国参考值 SRC 评分为小米（60.92）和黄小米（44.69）。

（6）优势指标

毛毛谷：水分含量 11%、粗纤维 3.4%、淀粉 83.7%、支链淀粉 67.46%，弹性最高（0.562），回复性最高（0.111）。

金香玉：蛋白质 11.5%、淀粉 81.4%、氨基酸 12.7%、必需氨基酸 5.0%、苏氨酸 0.5%、缬氨酸 0.6%、亮氨酸 1.8%、非必需氨基酸 7.7%、谷氨酸 2.9%、丙氨酸 1.1%、硬度 2.971 N。

张杂 13 号：支链淀粉 64.0%、淀粉 80.5%。

蒙龙香谷：蛋白质 9.8%、钠元素 69.139 mg/100g、锰元素 2.028 mg/100g、维生素 E 1.37 mg/100g。

敖谷 8000：淀粉 82.1%、单不饱和脂肪酸（油酸）0.8%、锌元素 3.042 mg/100g、吸水率 5.434%、膨胀率 4.90%、咀嚼性最高 1524N。

金苗 K1：支链淀粉 62.57%，黏性最高，为 –0.851 gfs。

绿谷：灰分 1.5%、必需氨基酸 SRC 评分 63.47、多不饱和脂肪酸 3.1%、亚油酸 2.97%、铁元素 9.942 mg/100g、锰元素 2.005 mg/100g。

红谷：脂肪 4.4%、多不饱和脂肪酸 3.08%、亚油酸 2.97%、钾元素 275.84 mg/100g、维生素 A 8.42 μg/100g、维生素 E 1.37 mg/100g。

朱砂变：直链淀粉 15.57%、可溶性糖 0.8%、钙元素 78.012 mg/100g、铁元素 13.874 mg/100g、维生素 A 8.93 μg/100g。

辰诺金苗：脂肪 4.5%、必需氨基酸 SRC 评分 63.15、单不饱和脂肪酸（油酸）0.78%、钾元素 280.185 mg/100g、钠元素 69.464 mg/100g、镁元素 144.525 mg/100g、维生素 A 8.71 μg/100g。

东谷：脂肪 4.6%、灰分 1.5%、能量 18 085.7 J/g、蛋白质 9.8%、苏氨酸 0.5%、缬氨酸 0.6%、亮氨酸 1.5%、非必需氨基酸 6.8%、谷氨酸 2.5%、多不饱和脂肪酸 2.94%、亚油酸 2.82%、锌元素 3.764 mg/100g。

（7）食用加工品质：数据显示，赤峰小米呈金黄色（色度 a* 值 7.68、色度 b* 值 30.70），色泽鲜亮（色度 L* 值 63.88）。赤峰小米蒸煮后硬度小

（3.97 N）、弹性适中（0.504），口感较佳。赤峰小米检出风味物质数量 36个，主要特征风味物质为醇类、醛类、酯类物质，相对含量分别为 48.6%、14.1%、22.6%，此类物质贡献果香味、青草香等气味。

9.1.3 赤峰小米与其他产地小米品质比较

（1）常规营养成分：不同产地赤峰小米的水分含量低于区外其他 4 个主产区、脂肪含量高于区外其他 4 个主产区（阿鲁科尔沁旗低于山西、延安小米）、蛋白质含量低于山西小米、高于哈尔滨小米（除红山区、巴林左旗、阿鲁科尔沁旗外）、灰分含量高于区外其他 4 个主产区（除元宝山区和阿鲁科尔沁旗外）、淀粉含量低于哈尔滨小米，阿鲁科尔沁旗、红山区、克什克腾旗、巴林右旗高于区外其他 3 个主产区，巴林左旗、红山区、克什克腾旗、喀喇沁旗、翁牛特旗粗纤维高于区外 4 个主产区，直链淀粉含量低于哈尔滨小米，巴林右旗、阿鲁科尔沁旗支链淀粉含量高于区外其他 4 个主产区。

（2）氨基酸成分：敖汉旗总氨基酸高于区外其他 4 个产地，林西县、松山区、宁城县总氨基酸和必需氨基酸高于延安、张家口和哈尔滨。必需氨基酸 SRC 评分均高于区外其他 4 个主产区。

（3）脂肪酸：不同产地总脂肪酸、饱和脂肪酸、多不饱和脂肪酸、亚油酸含量高于区外其他 4 个主产区（除阿鲁科尔沁旗亚油酸低于延安外）。

（4）矿质元素和维生素：翁牛特旗、克什克腾旗、林西县、巴林右旗、松山区、喀喇沁旗、巴林左旗、敖汉旗钾元素含量高于区外其他 4 个主产区；克什克腾旗、翁牛特旗、喀喇沁旗、巴林左旗、林西县、巴林右旗、阿鲁科尔沁旗钠元素含量高于区外其他 4 个主产区；元宝山区、红山区、阿鲁科尔沁旗、松山区钙元素含量高于区外其他 4 个主产区；翁牛特旗、克什克腾旗、林西县、敖汉旗、巴林右旗、松山区镁元素高于区外其他 4 个主产区，巴林左旗、喀喇沁旗、红山区、宁城县、元宝山区高于山西、张家口和哈尔滨产区；不同产地锰元素含量高于区外其他 4 个主产区（除阿鲁科尔沁旗外）；红山区、翁牛特旗、元宝山区、喀喇沁旗、松山区、林西县、敖汉旗、克什克腾旗、宁城县翁牛特旗锌元素含量高于区外其他 4 个主产区；巴林左旗、翁牛特旗、松山区、喀喇沁旗、宁城县、巴林右旗、克什克腾旗维生素 A 含量高于区外其他 4 个主产区。

9.2 展望

随着消费者对于食品安全、营养价值和品质追求的不断提升，以及国内农业供给侧结构性改革的深入推进，"三品一标"（即品种培优、品质提升、品牌打造和标准化生产）已成为农业产业发展的重要方向。对于小米产业而言，结合当前不同品种、不同产地小米的品质比较研究成果，展望其未来发展，可以看到以下几个方面的趋势和潜力。

在品种培优方面，研究揭示了不同品种赤峰小米在营养成分、氨基酸组成、脂肪酸含量等方面的显著差异。未来，小米产业应进一步加大优质品种的选育力度，特别是针对那些具有高营养价值、优良口感和适应性强的品种的研发，以满足市场多元化、个性化的需求。同时，应加强品种资源的保护和利用，防止优良品种的流失，确保小米产业的可持续发展。

品质提升是小米产业发展的关键所在。对谷子与小米品质的比较研究发现，小米在脂肪酸含量、氨基酸组成等方面具有显著优势。因此，小米产业应进一步挖掘和提升这些品质特性，通过优化种植技术、改进加工工艺等手段，提高小米的整体品质水平。同时，加强质量监管和检测体系建设，确保小米产品的安全、卫生和品质稳定。

品牌打造是提升小米产业附加值和市场竞争力的重要途径。通过塑造具有地域特色和文化内涵的小米品牌，可以增强消费者对产品的认同感和信任度。小米产业应充分利用产地优势和文化资源，打造具有独特性和竞争力的品牌形象。同时，加强品牌营销和推广力度，提升品牌知名度和美誉度，拓展市场份额。

标准化生产是确保小米品质稳定和提升产业整体效益的基础保障。制定和执行统一的生产标准和规范，可以确保小米产品的质量和安全水平。小米产业应积极推动标准化生产体系的建立和完善，包括种植技术、加工工艺、质量控制等方面的标准化。同时，加强标准化生产的培训和指导，提高农民和企业的标准化意识和能力。通过持续的研究工作，不断提升小米和谷子的品质，使得更多的人能够享受到健康、营养、美味的小米和谷子，为实现人类健康与农业可持续发展作出贡献。

附录

《中国食物成分表标准版（第六版）》
参考目录

项目	单位	小米	小米（黄）
水分	风干样，%	11.60	9.70
蛋白	风干样，%	9.00	8.90
脂肪	风干样，%	3.10	3.00
粗纤维	风干样，%	—	—
淀粉	风干样，%	—	—
直链淀粉	风干样，%	—	—
支链淀粉	风干样，%	—	—
总氨基酸	风干样，%	8.96	8.45
必需氨基酸	风干样，%	3.50	2.69
苏氨酸	风干样，%	0.33	0.35
缬氨酸	风干样，%	0.48	0.48
蛋氨酸	风干样，%	0.29	0.37
异亮氨酸	风干样，%	0.39	0.42
亮氨酸	风干样，%	1.17	0.13
苯丙氨酸	风干样，%	0.49	0.61
赖氨酸	风干样，%	0.18	0.14
组氨酸	风干样，%	0.17	0.19
非必需氨基酸	风干样，%	5.46	5.76
半胱氨酸	风干样，%	0.22	0.20
酪氨酸	风干样，%	0.26	0.33

续表

项目	单位	小米	小米（黄）
丝氨酸	风干样，%	0.41	0.47
谷氨酸	风干样，%	1.87	1.93
脯氨酸	风干样，%	0.66	0.78
甘氨酸	风干样，%	0.25	0.25
丙氨酸	风干样，%	0.80	0.89
天冬氨酸	风干样，%	0.68	0.65
精氨酸	风干样，%	0.32	0.26
总脂肪酸	风干样，%	1.800	2.500
饱和脂肪酸	风干样，%	0.600	1.200
棕榈酸	风干样，%	0.549	1.115
硬脂酸	风干样，%	0.092	0.088
花生酸	风干样，%	—	—
山嵛酸	风干样，%	—	—
单不饱和脂肪酸	风干样，%	0.300	0.800
油酸	风干样，%	0.247	0.763
多不饱和脂肪酸	风干样，%	0.900	0.500
亚油酸	风干样，%	0.517	0.443
亚麻酸	风干样，%	0.380	—
饱和脂肪酸	总脂肪酸中，%	33.33	48.00
棕榈酸	总脂肪酸中，%	30.50	44.60
硬脂酸	总脂肪酸中，%	5.10	3.50
花生酸	总脂肪酸中，%	—	—
山嵛酸	总脂肪酸中，%	—	—
单不饱和脂肪酸	总脂肪酸中，%	16.67	32.00
油酸	总脂肪酸中，%	13.70	30.50
多不饱和脂肪酸	总脂肪酸中，%	50.00	20.00
亚油酸	总脂肪酸中，%	28.70	17.70
亚麻酸	总脂肪酸中，%	21.10	—
硒	风干样，mg/100g	0.047	0.027
铁	风干样，mg/100g	51.00	16.00
锌	风干样，mg/100g	18.70	28.10
维生素 E	风干样，mg/100g	—	0.24

统计分析结果图与采样现场照片

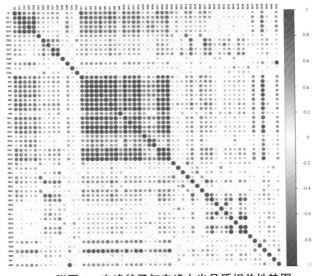

附图 1　赤峰谷子与赤峰小米品质相关性热图

　　G1、G2、G13、G15、G18、G22、G23、G26、G27、G30、G38、G40、G41、G43 分别代表谷子中的水分、蛋氨酸、亮氨酸、苯丙氨酸、总氨基酸、镁、铜、锌、脂肪、顺，顺 -9,12- 十八碳二烯酸、淀粉、维生素 E、可溶性糖、直链淀粉等 14 个指标。

　　M1、M2、M3、M4、M5、M6、M7、M8、M9、M10、M11、M12、M13、M14、M15、M16、M17、M18、M19、M20、M21、M22、M23、M24、M25、M26、M27、M28、M29、M30、M31、M32、M33、M34、M35、M36、M37、M38、M39、M40、M41、M42 分别代表小米中的水分、天冬氨酸、苏氨酸、丝氨酸、谷氨酸、脯氨酸、甘氨酸、丙氨酸、胱氨酸、缬氨酸、蛋氨酸、异亮氨酸、亮氨酸、络氨酸、苯丙氨酸、组氨酸、赖氨酸、精氨酸、总氨基酸、钾、钠、钙、镁、铜、铁、锰、锌、脂肪、十六碳酸、十八碳酸、顺 -9- 十八碳一烯酸、顺，顺 -9,12- 十八碳二烯酸、顺，顺，顺 -9,12,15- 十八碳三烯酸、不饱和脂肪酸、多不饱和脂肪酸、灰分、维生素 B_1、维生素 B_2、蛋白、淀粉、维生素 A、维生素 E 等 42 个指标。

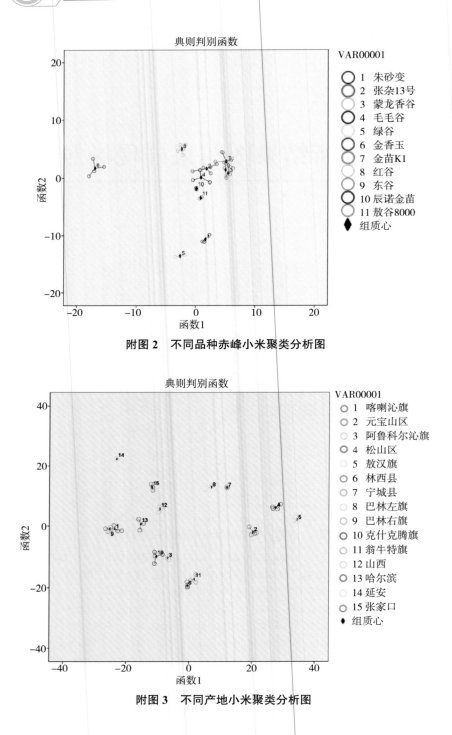

附图 2　不同品种赤峰小米聚类分析图

附图 3　不同产地小米聚类分析图

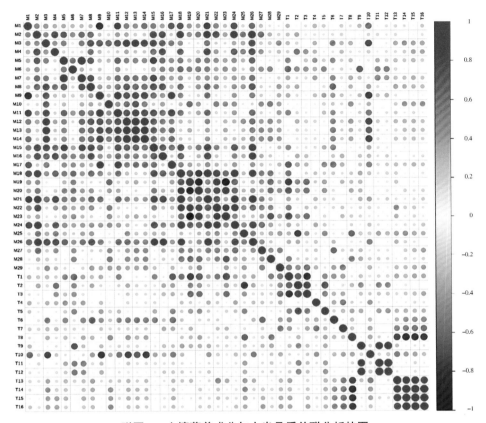

附图 4　土壤营养成分与小米品质关联分析热图

T1 ～ T16 分别代表土壤 pH 值、有机质、全氮、全钾、碱解氮、有效磷、速效钾、钾、钠、钙、碳酸氢根、氯离子、铜、铁、锰、锌；M1 ～ M29 分别代表水分、脂肪、蛋白、灰分、淀粉、直链淀粉、支链淀粉、可溶性糖、苯丙氨酸、胱氨酸、酪氨酸、丝氨酸、谷氨酸、脯氨酸、油酸、亚油酸、亚麻酸、钾、钠、钙、镁、铜、铁、锰、锌、维生素 B$_1$、维生素 B$_2$、维生素 A、维生素 E。

呼和浩特: 617-016-7403
天　　气: 晴 23℃
地　　点: 林西县·前大坝
海　　拔: 956.5米
经　　度: 118°5'26"E
纬　　度: 43°26'49"N

采样现场